中国海南菜烹饪技艺传承与创新新形态一体化系列教材
“海南省中高职（衔接）海南菜地方特色专业课程标准与教材开发”成果系列教材
总主编 杨铭铎

海南代表面点制作

HAINAN DAIBIAO MIANDIAN ZHIZUO

主　编　龙丁育　许宏民　唐亚六
副主编　叶冬榕　王　婕　梁宗晖　王　静
编　者（按姓氏笔画排序）
王　婕　王　静　王波兰　龙丁育
叶冬榕　田仁丽　许宏民　陈腊梅
唐亚六　梁宗晖　程关涛　蔡清举

华中科技大学出版社
http://press.hust.edu.cn
中国·武汉

内容简介

本书是中国海南菜烹饪技艺传承与创新新形态一体化系列教材、“海南省中高职(衔接)海南菜地方特色专业课程标准与教材开发”成果系列教材。

本书共设置四个项目，分别是海南包点类面点、海南酥点类面点、海南油炸类面点、水调及其他类面点。四个项目下共设三十二个任务，每个任务之后还设置了相应的练习与思考。

本书可作为烹饪、旅游、餐饮等相关专业的教学用书，也可作为餐饮文化爱好者的参考书籍。

图书在版编目(CIP)数据

海南代表面点制作/龙丁育，许宏民，唐亚六主编．—武汉：华中科技大学出版社，2024.5
ISBN 978-7-5772-0767-4

Ⅰ．①海…　Ⅱ．①龙…　②许…　③唐…　Ⅲ．①面食-制作-海南　Ⅳ．①TS972.132

中国国家版本馆 CIP 数据核字(2024)第 104619 号

海南代表面点制作　　龙丁育　许宏民　唐亚六　主编
Hainan Daibiao Miandian Zhizuo

策划编辑：汪飒婷
责任编辑：余　雯
封面设计：原色设计
责任校对：朱　霞
责任监印：周治超
出版发行：华中科技大学出版社(中国·武汉)　　电话：(027)81321913
　　　　　武汉市东湖新技术开发区华工科技园　　邮编：430223
录　　排：华中科技大学惠友文印中心
印　　刷：武汉科源印刷设计有限公司
开　　本：889mm×1194mm　1/16
印　　张：10.5
字　　数：285 千字
版　　次：2024 年 5 月第 1 版第 1 次印刷
定　　价：49.80 元

中国海南菜烹饪技艺传承与创新新形态一体化系列教材
“海南省中高职(衔接)海南菜地方特色专业课程标准与教材开发”
成果系列教材

编委会

王　冠　海南昌隆餐饮酒店管理有限公司董事长
王位财　海口龙华石山乳羊第一家总经理
王树群　海口美兰琼菜记忆饭店董事长
韦　琳　海南省烹饪协会副会长
云　奋　海南琼菜老味餐饮有限公司总经理
卢章俊　海南龙泉集团龙泉酒店白龙店总经理
叶河清　三亚益龙餐饮文化管理有限公司董事长
邢　涛　海南省烹饪协会副会长
汤光伟　海南省教育研究培训院职教部教研员
李学深　海南省烹饪协会常务副会长
李海生　海南琼州往事里贸易有限公司总经理
何子桂　元老级注册中国烹饪大师、何师门师父
张光平　海南省烹饪协会副会长
陈中琳　资深级注册中国烹饪大师、陈师门师父
陈诗汉　海南琼菜王酒店管理有限公司总监
林　健　海南龙泉集团有限公司监事长
郑　璋　海口旅游职业学校餐饮管理系主任
郑海涛　海南省培训教育研究院职教部主任
赵玉明　海口椰语堂饮食文化有限公司董事长
唐亚六　海南省烹饪协会副会长
龚季弘　海南拾味馆餐饮连锁管理有限公司总经理
符志仁　海口富椰香饼屋食品有限公司总经理
彭华洪　海南良昌饮食连锁管理有限公司董事长

总序

FOREWORD

党的二十大报告指出，"统筹职业教育、高等教育、继续教育协同创新，推进职普融通、产教融合、科教融汇，优化职业教育类型定位"。2019 年，国务院印发的《国家职业教育改革实施方案》中指出，职业教育与普通教育具有同等重要地位。教师、教材、教法("三教")贯彻人才培养全过程，与职业教育"谁来教、教什么、如何教"直接相关。2021 年，中共中央办公厅、国务院办公厅印发的《关于推动现代职业教育高质量发展的意见》中明确提出了"引导地方、行业和学校按规定建设地方特色教材、行业适用教材、校本专业教材"。

海南菜(琼菜)，起源于元末明初，至今已有六百多年的历史，是特色鲜明、风味百变且极具地域特色的菜系。传承海南菜技艺，弘扬海南饮食文化，对于推动海南餐饮产业创新，满足海南人民对美好生活的向往，乃至推动全省经济和社会发展都具有非常重要的作用。

海南菜的发展离不开餐饮专业人才，而餐饮职业教育承载着培养餐饮专业人才的重任。海南省餐饮中等职业教育现有在校学生 2 万余人，居海南省中等职业学校各专业学生人数之首，餐饮高等职业教育在校学生约 2000 人，也具备了一定的规模。然而，目前中、高等职业学校烹饪专业选用的教材多为国家规划教材，一方面，这些教材内容缺乏海南菜的地方特色，从而导致学生服务海南自由贸易港建设的能力不足；另一方面，这些中、高等职业教育教材在知识点、技能点上缺乏区分度，不利于学生就业时分层次适应工作岗位。

因此，为贯彻、落实上述文件精神，振兴海南菜，提升餐饮专业人才的培养质量，海南省教育厅正式准予立项"海南省中高职(衔接)海南菜地方特色专业课程标准与教材开发"项目。遵照海南省教育厅职业教育与成人教育处领导在中国海南菜教材编写启动仪式上的指示，在多方论证的基础上，本系列教材的编写工作正式启动。本系列教材由海南省餐饮职业教育领域中对本专业有较深研究，熟悉行业发展与企业用人要求，有丰富的教学、科研或工作经验的领导、老师和行业专家、烹饪大师合力编著。

本系列教材有以下特色。

1. 权威指导，多元开发 本系列教材在全国餐饮职业教育教学指导委员会专家的指导和支持下，由省级以上示范性(骨干、高水平)或重点职业院校、在国家级技能大赛中成绩突出、承担国家重点建设项目或在省级以上精品课程建设中经验丰富的教学团队和能工巧匠引领，在行业企业、教学科研机构共同参与下，紧密联系教学标准、职业标准及对职业技能的要求，体现出了教材的先进性。

2. 紧跟教改，思政融合 “三教”改革中教材是基础，本系列教材在内容上打破学科体系、知识本位的束缚，以工作过程为导向，以真实生产项目、典型工作任务、案例等为载体组织教学单元，注重吸收行业新技术、新工艺、新规范，突出应用性与实践性，同时加强思政元素的挖掘，有机融入思政教育内容，对学生进行价值引导与精神滋养，充分体现党和国家意志，坚定文化自信。本系列教材以习近平新时代中国特色社会主义思想为指导，既传承了海南菜的特色经典，保持课程内容相对稳定，同时与时俱进，体现新知识、新思想、新观念，还增强了育人功能，是培根铸魂、启智增慧、适应海南自由贸易港建设要求的精品教材。

3. 理念创新，纸数一体 建立“互联网＋”思维的编写理念，构建灵活、多元的新形态一体化教材。依托相关数字化教学资源平台，融合纸质教材和数字资源，以扫描二维码的形式帮助老师及学生共享优质配套教学资源。老师可以在平台上设置习题、测试，上传电子课件、习题解答、教学视频等，做到“扫码看课，码上开课”，学生扫码即可获得相关技能的详细视频解析，可以更有效地激发学生学习的热情和兴趣。

4. 形式创新，丰富多样 根据餐饮职业院校学生特点，创新教材形态，针对部分行业体系课程，汇集行业企业大师、一线骨干教师，依据典型的职业工作任务，设计开发科学严谨、深入浅出、图文表并茂、生动活泼且多维、立体的新型活页式、工作手册式融媒体教材，以满足日新月异的教与学的需求。

5. 校企共编，产教融合 本系列的每本教材实行主编负责制，由各院校优秀教师或经验丰富的领导和行业烹饪大师共同担任主编，教师主要负责文字编写，烹饪大师负责菜点指导或制作。教材以职业教育人才成长的规律为出发点，体现人才培养改革方向，将知识、能力和正确的价值观与人才培养有机结合，适应专业建设、课程建设、教学模式与方法改革创新方面的需要，满足不同学习方式要求，有效激发学生学习的兴趣和创新的潜能。

楊柳

中国烹饪协会会长

前言

PREFACE

随着人们生活水平的提高，饮食文化越来越受重视。面点作为中国传统美食的重要组成部分，它不仅满足了我们的味觉需求，更是文化沉淀与传承的见证者。海南有着独特的美食传统和面点文化。面点代表着人类文化生活的精致化，有句老话说得好：海南的美，无须过多的语言修饰；海南的宝，遍地都是。在海南，你不仅可以领略到大自然的美与纯，还可以领略到海南饮食的原汁原味。海南人从来不会把食材浪费在过度加工上，它让“清淡”贯穿了海南饮食文化，领略清淡美食的鲜香，在于对原汁原味的尊重与品鉴。

海南人素来爱喝早茶，每天早上遍布各条街道的茶馆纷纷开门捧出自家制作的特色面点供茶客自由选择，海南人总能在纷扰的世界里选择一种闲适的生活方式，一大清早开始嗦粉、喝老爸茶、吃点心、喝清补凉……

海南代表面点制作是中西面点工艺专业的一门必修基础课程。本书编写的思路侧重于对海南本土代表面点的介绍，书中大多介绍的是海南当地居民日常生活中接触到的特色面点。我们对内容进行系统、科学、规范的整合，尽量使理论通俗易懂，操作实用科学，体现了课程改革、能力本位、弹性学习的思想。本书参考了大量已出版的面点制作的书籍，在其基础上取长补短，融入了海南代表面点，将面点种类、品种加以细化，进一步完善了各品种的工艺配方，力求使知识全面，细节清晰、重点突出、配方准确。书中配备了相关的教学视频，能够满足学生对多形式、多角度学习的需要，信息化技术充分利用，教学内容、资料紧跟海南自由贸易港建设步伐。

本书分为海南包点类面点、海南酥点类面点、海南油炸类面点、水调及其他类面点四个项目共三十二个任务。每个任务的教学内容丰富、资料齐全、工艺流程清晰完整。

我们希望本书能够为推广海南美食文化做出贡献，希望读者能够通过本书更好地了解和掌握海南面点的制作方法和文化内涵。

由于编者能力有限，本书难免会有疏漏与错误，希望广大读者在使用过程中提出宝贵的指导意见。

编　者

目录 CONTENTS

Note

项目一
海南包点类面点

【项目描述】

海南包点类是海南面点中生物发酵面团做成的品种的统称。其主要利用酵母发酵的原理，用酵母菌作为发酵素，吸收面团中的养分并生长繁殖，将面粉中的葡萄糖转化为水和二氧化碳气体，从而产生蜂窝状的组织结构，使面团膨胀，松软。

【项目目标】

(1) 能从感官上辨别高筋面粉、中筋面粉与低筋面粉，了解其相应的用法。

(2) 了解生物膨松、化学膨松和物理膨松的概念。

(3) 能理解和掌握化学膨松剂，如泡打粉、小苏打和臭粉的化学组成和使用时的注意事项。

(4) 能独立完成包点的制作和摆盘。

(5) 培养安全意识、卫生意识，以及爱岗敬业的职业素养。

(6) 在制作和创新包点的过程中感受烹饪艺术的趣味，培养创新意识和工匠精神。

任务一

海南大包

明确实训任务

掌握海南大包的面团和馅料的调制方法，了解面团的种类和生物膨松面团的膨松原理，能够按照制作流程，在规定时间内完成海南大包的制作。

实训任务导入

海南大包的起源

19世纪末，海南的归国华侨把东南亚的饮茶习惯带回家乡，融合中西的茶馆应运而生：提供茶和咖啡，以及各类中西式面点。这类茶馆逐渐成为当地中老年人休闲的场所，而海南民间对上年纪的人称"老爸"，"老爸茶"就这样传播开来。老爸茶是海南慢节奏生活的缩影，一壶茶可以从日晒三杆喝到太阳西斜。省会城市海口市更是老爸茶的天下。每一条街，每一个小巷都藏着一家老爸茶店，装修朴素，有的甚至就是露天搭个天棚，然后几张方桌、几把凳子，就能邀来附近的中老年人。一壶茶，一两个包子，大爷们或围在一起讨论手中的奖券，或谈天说地……不过几块钱，就能在这里消磨一天。

海南大包是海南老爸茶店里必不可少的一道面点，一个包子比一个手掌还大，从皮到馅，惊喜一层又一层。海南大包馅料选用猪的后腿白肉，肉质相当结实，切成块后放在大盆中，加入由洋葱、姜块、青椒、桂皮、草果和香叶等调料制作出来的酱汁，拌匀之后放到盘中推入烤箱。烤制的过程中，白肉中动物脂肪渗透出来，夹杂香料和药材的味道，又被瘦肉充分吸收，保证口感的同时，营养也更加丰富。发面采用的不是流行的酵母，而是老面头，做出来的包子更有嚼劲。盘揉的过程中还要刷适量猪油，这样蒸出来外皮才会分层，搭配丰富的馅料，配一壶老爸茶边喝边吃，悠闲又享受。

实训任务目标

（1）了解海南大包的相关知识。

（2）掌握海南大包面团和馅料的调制方法。

（3）了解面团的种类和生物膨松面团的膨松原理。

（4）了解影响酵母发酵的因素。

（5）能够按照制作流程，在规定时间内完成海南大包的制作。

知识技能准备

一、面团种类

由于面粉的性质不同，面粉制品的性质也不同，有的结实，有的松散。面团根据属性可分为

水调面团、膨松面团和层酥面团。

1. 水调面团 经调制后具有组织紧密、质地坚实、内无孔洞、体积不膨胀等特点的一类面团的总称，如做水饺皮、做面条所用的面团等。水调面团包含冷水面团、温水面团和热水面团。

2. 膨松面团 经调制(或熟制)后具有组织膨大、内有孔洞、质地疏松等特点的一类面团的总称，如做包子、蛋糕的面团等。膨松面团包含生物膨松面团、物理膨松面团和化学膨松面团。

3. 层酥面团 经调制及熟制后具有均匀间隔的层次，口感酥松等特点的一类面团的总称，如合子酥皮、苏式用饼皮面团等。层酥面团包含明酥面团、暗酥面团和半暗酥面团。

二、生物膨松面团的膨松原理

生物膨松是利用酵母的生产、繁殖，使面团发酵从而变得膨松。其原理是酵母吸收面团中的糖、蛋白质和其他营养成分，在氧气的参与下进行呼吸作用，产生二氧化碳气体，二氧化碳气体聚集在面团内，使面团内部产生气孔而变得膨松。因此在制作包子或面包时，应提供适合的条件促使酵母发酵，以达到最佳的膨松效果。

三、影响酵母发酵的因素

1. 温度

(1) 酵母在 0～55 ℃具有活性，超过 55 ℃活性逐渐丧失。

(2) 适宜酵母繁殖的温度是 22～28 ℃，也就是面团的温度要求。

(3) 适宜面团发酵产气的温度是 32～38 ℃，也就是醒发室的温度要求。

(4) 酵母的繁殖速度在 20 ℃以下、40 ℃以上便会明显降低。

(5) 面团温度超过 30 ℃时，虽对产生气体速度有利，但酵母总产气量会减少，从而影响品质(没有后劲)。

2. pH 值及水质

(1) 酵母较适宜在弱酸性条件下生长，实际生产中保持面团 pH 值为 4～6。影响 pH 值的主要是水质。

(2) 水质硬度过大(即矿物质含量较多)，会降低蛋白质的溶解性，使面筋过硬、韧性过大，从而抑制酵母发酵，使成品皮厚、口感粗糙。

3. 渗透压 酵母细胞膜是半透膜，但无机盐或其他可溶性固态物质浓度较大时，酵母体内的原生物渗出细胞膜，酵母因此被破坏，从而影响正常生命现象。

4. 加水量 一般情况下，加水量越多，面团越软，发酵速度越快。

5. 面粉的种类 面粉的筋度越大，面团发酵速度越慢。

6. 防霉剂 防霉剂对酵母发酵有抑制作用。

制订实训任务工作方案

根据实训任务内容和要求，讨论并填写实训任务计划书。

实训任务			实训班级		指导教师	
实训地点	面点厨房					
实训岗位						
实训组织	分组	负责人	人数	主要任务		
	第一组					
	第二组					
	第三组					
	第四组					

续表

	实训步骤	工 作 内 容	学时分配
实训步骤及工作内容	第一步	布置任务：分析任务，填写任务分析单，学习补充相关知识和技能	
	第二步	制订计划：填写综合实训任务计划书，各组明确工作任务和要求	
	第三步	工作准备：在做好个人卫生的基础上，负责厨房工作的各组进行设备、工具、原料准备，确保安全、卫生	
	第四步	任务实施：各岗位按照工作页，有序开展任务，各组间加强沟通，完成海南大包的制作与服务工作	
	第五步	实训评价：实训过程评价（随工作任务检测单及时评价）占40%，成果评价占60%，并统计评价结果	
	第六步	总结反思：个人总结实训中的得失，并对继续完成其他实训任务给出自己的提升目标	
批准实施	总厨建议：经审核，实训计划可行，同意按本计划实施。 签字：		

进入厨房工作准备

一、填写厨房准备工作页及自查表

实训任务	制作海南大包	检查及评价	
工作过程	面团调制设备用具（实训人填写）	规范	欠规范
	检查设备：		
	备齐用具：		
	熟制设备用具（实训人填写）	规范	欠规范
	检查蒸箱、炉灶设备：		
	检查蒸箱、炉灶用具：		
	炉灶试火、试水是否安全通畅：		
	安全卫生（实训人填写）	规范	欠规范
	重视安全与卫生：		
	规范垃圾分类与处理：		
反思	所有规范要求是否做到，如有遗漏，请分析原因：		

时间：　　　　　　　检查人：

二、填写面点原料准备工作页

<table>
<tr><td>实训任务</td><td colspan="2">制作海南大包</td><td colspan="2">检查及评价</td></tr>
<tr><td rowspan="5">工作过程</td><td colspan="2">原料准备（实训人填写）</td><td>齐全、规范</td><td>欠规范</td></tr>
<tr><td>皮料</td><td></td><td></td><td></td></tr>
<tr><td>馅料</td><td></td><td></td><td></td></tr>
<tr><td>辅料</td><td></td><td></td><td></td></tr>
<tr><td>过程</td><td></td><td></td><td></td></tr>
<tr><td>反思</td><td colspan="4"></td></tr>
</table>

制作海南大包

一、面点制作

填写面点制作工作页。

<table>
<tr><td>实训产品</td><td>海南大包</td><td>实训地点</td><td>面点厨房</td></tr>
<tr><td>工作岗位</td><td colspan="3">面点制作</td></tr>
<tr><td>操作步骤</td><td colspan="3">❶ 备料
(1) 皮料：低筋面粉 500 g、白糖 100 g、泡打粉 10 g、干酵母 4 g、纯椰浆 100 g、猪油 30 g、鸡蛋清 1 个、冰水 100 g。
(2) 馅料(叉烧馅)。
①芡汁：食盐 3 g，白糖 100 g，生抽、蚝油、味精、叉烧酱各 10 g，老抽 5 g，美味酱 3 g，生粉 25 g，粟粉 50 g，水 400 g。
②烤肉：五花肉 500 g、葱 20 g、姜 10 g、蒜 20 g、洋葱 100 g、白酒 20 g、老抽 5 g、生抽 5 g、叉烧酱 20 g、美味酱 20 g、蚝油 5 g、十三香 2 g、胡椒粉 2 g、白糖 5 g、食盐 2 g、味精 5 g。
(3) 其他：水煮鸡蛋 1 个、腊肠 2 根、猪肝数片、叉烧馅 300 g。
❷ 操作步骤
(1) 备料。
(2) 将低筋面粉、泡打粉、干酵母混合拨成环形。
(3) 加入白糖、鸡蛋清、纯椰浆、冰水、猪油，将白糖溶化。
(4) 原料搅拌均匀后埋粉，搓成面团。
(5) 稍过压面机至面团纯滑。
(6) 将面团分割成每个 80 g 的剂子，将皮开成中间厚四周薄的圆件。</td></tr>
</table>

续表

操作步骤

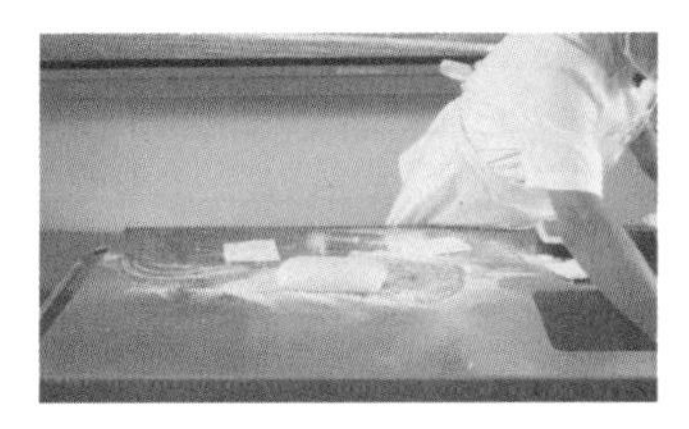

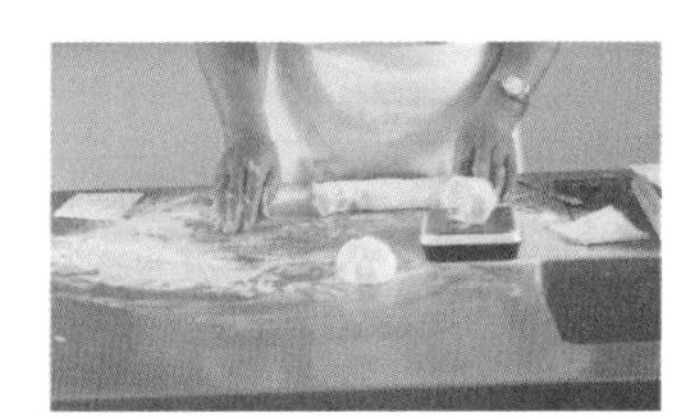

(7) 包上叉烧馅，放上腊肠一片，猪肝一片，鸡蛋八分之一份，捏成挂笼型，发酵 40～60 分钟。

(8) 将垫纸放入蒸笼蒸炉，水沸时放入面团生坯，蒸 12 分钟即可。

(9) 摆盘。

❸ 技术要点

(1) 叉烧芡汁的炒制不宜过稀或过稠，过稀会导致包馅时露馅，过稠会导致与肉丁混合时不粘合。

(2) 包子面皮要擀至中间厚四周薄，以防中间过薄导致包制时露馅。

(3) 发酵程度恰当，发酵不够会导致成品口感硬实，发酵过度会导致成品产生酸味，影响口感

续表

面点成品	
完成情况	
反思改进	（1）列出工艺关键： （2）找出不足，提出改进措施：

二、收档及整理

填写收档工作页及自查表。

任务名称	各岗位工作任务要素	工作评价			
收档工作记录	工具收档	规范		欠规范	
	案板收档	规范		欠规范	
	设备收档	规范		欠规范	
反思					

一、工作过程评价

班级		姓名		学号	
实训任务				工作评价	
工作过程	准备阶段（20分）		处理完好	处理不当	得分
	工作服穿戴整齐、个人卫生规范				
	检查并处理好安全及卫生状况				
	领料，核验原料数量和质量，填写单据				
	准备好设备及用具				

续表

实训任务		工作评价		
	面点制作阶段(70分)	处理完好	处理不当	得分
工作过程	操作过程卫生规范			
	手法运用恰当,熟练准确			
	芡汁调制黏稠度适当			
	擀皮手法正确,皮坯中间厚四周薄			
	包制手法正确,不露馅			
	发酵方法正确、发酵时间合适			
	口感膨松柔软,内馅咸香			
	摆盘美观大方			
	整理阶段(10分)			
	能够对剩余原料进行妥善处理和保管			
	清理工作区域,清洁工具			
	关闭水、电、气、门、窗			
总分				

二、任务成果综合评价

评价要素	评价标准	配分	得分
过程得分	见上方“工作过程评价”表	40	
仪容仪表	工作服干净,穿黑色皮鞋,仪容大方,勤剪指甲,发型整齐,不佩戴手镯、手链、戒指、耳环等,戴项链不外露	5	
沟通能力	有礼貌,精神饱满,面带笑容,热情适度,自然大方,语言要准确,声音柔和,不要大声说话,沟通效果良好	5	
解决问题能力	能按规范处理工作中的各种突发状况	5	
卫生、安全	整洁干爽,无安全事故	5	
色泽	色泽洁白	10	
香味	肉香浓郁	5	
口味	内馅咸香	10	
形态	花瓣形,形态饱满	10	
质感	外皮松软,内馅咸香	5	
总分			

练习与思考

一、练习

(一)选择题

1. 下列叙述正确的是(　　)。

A. 酵母膨松性主坯成品的特点是体积疏松多孔，结构细密暄软，呈蜂窝状，味道香醇适口
B. 酵母膨松性主坯成品的特点是体积疏松膨大，结构细密暄软，呈海绵状，味道香醇适口
C. 酵母膨松性主坯成品的特点是体积疏松膨大，结构细密暄软，呈海绵状，口感酥脆浓香
D. 酵母膨松性主坯成品的特点是体积疏松膨大，结构细密暄软，呈蜂窝状，有浓郁蛋香味

2. 发酵面团中的酵母菌在(　　)就会死亡。

A. 0 ℃以下　　B. 15 ℃以下　　C. 30 ℃左右　　D. 60 ℃以上

(二) 判断题

(　　)1. 利用酵母菌发酵的面团，搓好后可以直接加热。

(　　)2. 揉发酵面时，要用死劲，反复不停地揉。

二、课后思考

制作海南大包的关键点有哪些？

三、实践活动

以小组为单位，各自制作一份海南大包，并互相讨论、评价。

任务二

叉烧包

明确实训任务

掌握膨松面团的调制方法，正确判断面团的发酵程度，完成叉烧包的蒸制。

实训任务导入

叉烧包的起源

20世纪初，大批下南洋的华侨回乡兴办实业，修建起一排排骑楼，把南洋的饮食习惯也带到了海南。海南人之所以能包容所有，也许是因为19世纪开放通商口岸，他们闯荡过海外；也许是因为21世纪中西合璧，他们看过大千世界；也许是因为海南岛一直客来客往，海南人习惯接纳外来文化。海南人对朋友最大的包容就是一起喝老爸茶。粤式的茶点、琼式的粉汤、西式的面点等，总有一款是你的最爱。叉烧肉是粤菜中极具代表性的一道菜。叉烧肉为烧烤肉的一种，猪肉、禽肉类，加入酱油、食盐、糖等调味料，经过腌制后插在特制的叉子上经电或木炭烧烤而成的一种熟肉制品，是广东烧味的一种。叉烧肉多呈红色，以瘦肉为原料，略甜。好的叉烧肉肉质软嫩多汁、色泽鲜明、香味四溢。当中又以肥、瘦肉均衡为上佳，称为“半肥瘦”。叉烧包以叉烧肉加以叉烧芡汁为馅料，外面以包子皮包裹，放在蒸箱内蒸制而成。叉烧包一般为直径5 cm左右，好的叉烧包用肥瘦适中的叉烧作馅，包子皮蒸熟后暄软洁白，渗发出阵阵叉烧的香味，是海南人民的最爱。

实训任务目标

（1）了解叉烧包的相关知识。

（2）掌握叉烧包的面团和馅料的调制方法。

（3）了解面粉的分类及从感官上区分不同筋度的面粉。

（4）能够按照制作流程，在规定时间内完成叉烧包的制作。

知识技能准备

一、面粉的种类

按蛋白质的含量进行分类，我们通常把面粉分为以下三类。

1. 高筋面粉　又叫强筋粉、高蛋白质粉或面包粉，蛋白质含量为12%～15%，湿面筋重量占比＞35%。高筋面粉适宜制作面包、起酥糕点、泡芙和松酥饼等。

2. 低筋面粉　又叫弱筋粉，低蛋白质粉或饼干粉，蛋白质含量为7%～9%。湿面筋重量占比＜25%。低筋面粉适宜制作蛋糕、饼干、混酥类糕点等。

3. 中筋面粉 又叫通用粉，中蛋白质粉，是介于高筋面粉与低筋面粉的一类面粉。蛋白质含量为 10%～11%，湿面筋重量占比为 25%～35%。中筋面粉适宜用来制作水果蛋糕，也可以用来制作面包。

二、如何从感官上区分高筋面粉、中筋面粉和低筋面粉

1. 高筋面粉 颜色较深，本身较有活性且光滑，手抓不易成团状；比较适合用来制作面包。

2. 中筋面粉 颜色乳白，介于高、低筋面粉之间，体质半松散；一般中式面点都会用到，如包子、馒头、面条等。

3. 低筋面粉 颜色较白，用手抓易成团；低筋面粉的蛋白质含量平均为 8.5%，蛋白质含量低，麸质也较少，因此筋性亦弱，比较适合用来制作蛋糕、松糕、饼干以及蛋挞皮等需要膨松酥脆口感的西点。

简单来说，用手抓起一把面粉，用拳头攥紧捏成团，然后松开，用手轻轻掂量这个粉团，如果粉团很快散开，就是高筋面粉；如果面团在轻轻掂的过程中，还能保持形状不散，则是低筋面粉。

制作叉烧面包

一、面点制作

填写面点制作工作页。

<table>
<tr><td>实训产品</td><td>叉烧包</td><td>实训地点</td><td>面点厨房</td></tr>
<tr><td>工作岗位</td><td colspan="3">面点制作</td></tr>
<tr><td>操作步骤</td><td colspan="3">❶ 备料
(1) 皮料：老面 500 g、白糖 150 g、臭粉 5 g、低筋面粉 150 g、泡打粉 15 g。
(2) 馅料：叉烧馅 250 g。
❷ 操作步骤
(1) 备料。

(2) 将老面与白糖混合，揉至白糖溶化。
(3) 加入臭粉、泡打粉和低筋面粉，继续揉至面团光滑。</td></tr>
</table>

续表

<table>
<tr><td>操作步骤</td><td>

(4) 静置醒发 10 分钟左右。
(5) 搓条、摘剂、擀皮,包入叉烧馅。

(6) 发酵至原来体积的 1.5～2 倍。
(7) 放入蒸锅,大火蒸制 10 分钟即可取出。

(8) 摆盘。
❸ 技术要点
(1) 老面要充分发酵,加入的馅料要居中。
(2) 视季节变化而定,天气冷则发酵时间应相应延长
</td></tr>
<tr><td>面点成品</td><td></td></tr>
<tr><td>完成情况</td><td></td></tr>
</table>

续表

反思改进	（1）列出工艺关键： （2）找出不足，提出改进措施：

二、收档及整理

填写收档工作页及自查表。

任务名称	各岗位工作任务要素	工 作 评 价			
收档工作记录	工具收档	规范		欠规范	
	案板收档	规范		欠规范	
	设备收档	规范		欠规范	
反思					

练习与思考

一、练习

（一）选择题

1. 下列对酵母发酵面团发酵时间过长表述错误的是（　　）。

A. 面团膨胀好　　B. 面团的质量差　　C. 成品软塌不暄　　D. 带有老面味

2. 叉烧馅属于（　　）。

A. 生肉馅　　B. 熟肉馅　　C. 生甜馅　　D. 熟甜馅

（二）判断题

（　　）1. 膨松面团就是指在面团调制过程中加入酵母使面团形成膨松的面团。

（　　）2. 叉烧馅的口味特点是爽滑味鲜。

二、课后思考

制作叉烧包的关键点有哪些？

三、实践活动

以小组为单位，各自制作一份叉烧包，并互相讨论、评价。

制订实训任务工作方案

进入厨房工作准备

组织实训评价

任务三

鲜肉包

明确实训任务

掌握膨松面团的调制方法，正确判断面团的发酵程度，完成鲜肉包的蒸制。

教学资源包

实训任务导入

鲜肉包的起源

鲜肉包为最典型及基础的咸馅包子，使肉馅滑嫩腴美的秘诀是肉的肥瘦比例为 3∶7，并在搅拌上劲时添加葱姜汁水增香，这两项若是掌握得好，就可以制作出鲜香多汁，油润可口的鲜肉馅。蒸制时需要注意，蒸锅里的水最好以六至八成满为宜，同时水必须烧开才能盖上笼盖，再以旺火足气蒸制，过程中不能揭盖，才能蒸出饱满膨松的馒头和包子。

猪肉(肥瘦)：猪肉含有丰富的优质蛋白质和必需脂肪酸，并提供血红素(有机铁)和促进铁吸收的半胱氨酸，能改善缺铁性贫血；具有补肾养血，滋阴润燥的功效；但由于猪肉中胆固醇含量偏高，故肥胖人群及血脂较高者不宜多食。

小麦面粉：面粉富含蛋白质，糖，维生素和钙、铁、磷、钾、镁等矿物质，有养心益肾、健脾厚肠、除热止渴的功效，主治烦热、消渴、泻痢、痈肿、外伤出血及烫伤等。

实训任务目标

(1) 了解鲜肉包的相关知识。

(2) 掌握鲜肉包的面团和馅料的调制方法。

(3) 了解酵母的历史及构造。

(4) 了解发酵面团的特性。

(5) 能够按照制作流程，在规定时间内完成鲜肉包的制作。

知识技能准备

一、馅心的定义

馅心是指各种制馅原料，经过精细加工，调和，拌制或熟制后，包入或夹入坯皮内，形成面点制品的物料，俗称馅儿。

二、馅心的作用

馅心的制作是面点制作中具有较高要求的一项工艺操作。包馅面点的口味、形态、特色、花色品种等都与馅心密切相关。所以，对于馅心的作用必须有充分的认识。馅心的作用主要可归

纳为以下几点。

1. 决定面点的口味　包馅面点的口味，主要是由馅心来体现的。其一，因为包馅面点的馅心占有较大的比重，一般是皮料占比 50%，馅心占比 50%，有的品种如烧卖、锅贴、春卷、水饺等，则是馅心多于皮料。馅心多达 60%～80%；其二，人们往往以馅心的质量，作为衡量包馅面点制品质量的重要标准，包馅制品的鲜、香、油、嫩，实际上是馅心口味的反映。由此可见，馅心对包馅面点的口味起着决定性的作用。

2. 影响面点的形态　馅心与包馅面点的形态也有着密切的关系。馅心调制适当与否，对制品成熟后的形态能否保持“不走样”“不塌形”有着很大的影响。一般情况下，制作花色面点品种，馅心应稍硬些，这样能使制品在成熟后保持形态不变；有些制品，由于馅料的装饰，可使形态优美。如在制作各种花色蒸饺时，在生坯表面的孔洞内装上火腿、虾仁、青菜、蟹黄、蛋白蛋黄末、香菇末等馅心，可使其形态更加美观、逼真。

3. 形成面点的特色　各种包馅面点的特色，虽与所用坯料、成型加工和熟制方法等有关，但所用馅心也往往起着决定性的作用。如广式面点，馅心味清淡，具有鲜、滑、爽、嫩、香的特点；苏式面点，肉馅多掺皮冻，具有皮薄馅足、卤多味美的特色；京式面点注重口味，常以葱姜、京酱、香油等为调辅料，肉馅多用水打馅，具有薄皮大馅、松嫩的风味。

4. 增加面点的花色品种　同样是饺子，因为馅心不同，形成不同的口味，增加了饺子的花色品种。如鲜肉饺、三鲜饺、菜肉饺等。

三、馅心的分类

馅心的分类主要从原料、口味、制作方法三个方面进行。

1. 按原料分类　可分为荤馅和素馅两类。

2. 按口味分类　可分为甜馅、咸馅和甜咸馅三类。

3. 按制作方法分类　可分为生馅、熟馅两类。

制作鲜肉包

一、面点制作

填写面点制作工作页。

实训产品	鲜肉包	实训地点	面点厨房
工作岗位	面点制作		
操作步骤	❶ **备料** （1）皮料：低筋面粉 500 g、白糖 100 g、水 230 g、泡打粉 5 g、酵母 5 g、猪油 50 g。 （2）馅料：半肥瘦猪肉 500 g、鲜虾仁 150 g、食盐 6 g、味精 7 g、白糖 10 g、生抽 10 g、水 20 g、植物油 20 g、淀粉 15 g。 ❷ **操作步骤** （1）备料。 （2）在猪肉中加入食盐，分次加水向一个方向搅拌均匀至起胶，再加入其他调味料，搅拌均匀。 （3）低筋面粉、泡打粉过筛开窝放入水、白糖、猪油、酵母抓拌至白糖溶化并将面团揉至光滑。		

续表

操作步骤	    (4) 盖上湿毛巾醒发 10 分钟。 (5) 搓条,摘成约 35 克/个的剂子。   (6) 把剂子擀成中间厚四周薄的面皮,包入馅心。 (7) 捏成提褶包造型。  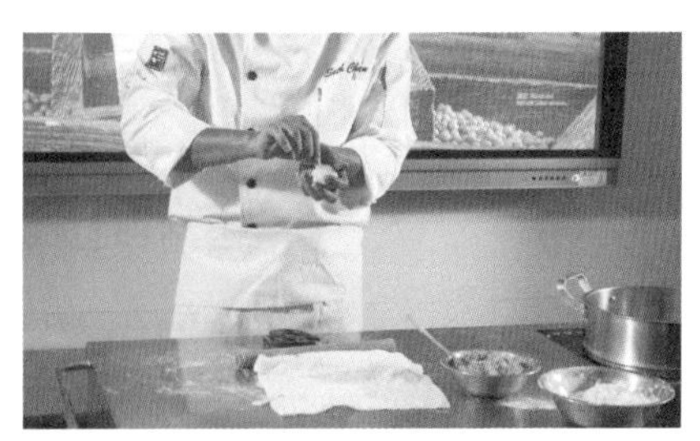 (8) 包好后放在蒸屉上盖上盖子发酵 30 分钟左右。 (9) 水沸腾后放入蒸锅。 (10) 大火蒸制 10 分钟即可取出摆盘。   

续表

<table>
<tr><td>操作步骤</td><td>❸ 技术要点
（1）面团调制软硬度适中。
（2）鲜肉馅心提前调制好。
（3）掌握提褶成型法。
（4）发酵程度应适宜，发酵不够会导致成品口感硬实，发酵过度会导致成品产生酸味，影响口感</td></tr>
<tr><td>面点成品</td><td></td></tr>
<tr><td>完成情况</td><td></td></tr>
<tr><td>反思改进</td><td>（1）列出工艺关键：

（2）找出不足，提出改进措施：</td></tr>
</table>

二、收档及整理

填写收档工作页及自查表。

<table>
<tr><td>任务名称</td><td>各岗位工作任务要素</td><td colspan="4">工 作 评 价</td></tr>
<tr><td rowspan="3">收档工作记录</td><td>工具收档</td><td>规范</td><td></td><td>欠规范</td><td></td></tr>
<tr><td>案板收档</td><td>规范</td><td></td><td>欠规范</td><td></td></tr>
<tr><td>设备收档</td><td>规范</td><td></td><td>欠规范</td><td></td></tr>
<tr><td>反思</td><td colspan="5"></td></tr>
</table>

练习与思考

一、练习

（一）选择题

1. 下列对发酵面团中干酵母用量表述不正确的是（　　）。

A. 用量多，发酵力大　　B. 用量少，发酵力大

C. 用量少，发酵时间要短　　D. 超量使用，发酵力减退

2. 醒发箱内温度达到设定温度后，加热指示灯熄灭，表示醒发箱已进入(　　)状态。

A. 休眠　　B. 开启　　C. 停止　　D. 恒温

(二) 判断题

(　　)1. 广式面点特别善于利用瓜果，蔬菜类，豆类，杂粮类及鱼虾为馅料。

(　　)2. 制作鲜肉包的馅心以硬馅为宜。

二、课后思考

制作鲜肉包的关键点有哪些？

三、实践活动

以小组为单位，各自制作一份鲜肉包，并互相讨论、评价。

制订实训任务工作方案

进入厨房工作准备

组织实训评价

任务四

斑斓椰丝包

教学资源包

明确实训任务

掌握膨松面团的调制方法，正确判断面团的发酵程度，完成斑斓椰丝包的蒸制。

实训任务导入

斑斓椰丝包的起源

19 世纪初，下南洋的文昌华侨将斑斓带回海南，种植在院子里，作为面点原料之一，成为许多人口中的南洋味道。斑斓在房前屋后葳蕤生长，并在海南的美食界刮起了一阵旋风，斑斓椰丝包、斑斓千层糕、斑斓煎面饼、斑斓蛋糕、斑斓椰子冻、斑斓鸡屎藤等层出不穷。它清新的颜色和独特的香味让人食欲大开。斑斓椰丝包是无数海南人童年的记忆。清香翠绿的斑斓椰丝包外表松软，内馅香甜，清香绵软的斑斓包子皮包裹着椰香十足的椰丝馅，咬上一口，香到嘴里，甜到心里，老少皆宜。斑斓椰丝包是海南人民在传统包子的基础上，利用斑斓叶的汁水和面，再加上海南特有的老椰子肉刨成的椰丝做馅，斑斓叶的清香加上浓浓的椰香，不管是颜色还是口味上，都极具海南特色，这也形成了海南特有斑斓椰丝包的独特风味。

实训任务目标

（1）了解斑斓椰丝包的相关知识。

（2）掌握斑斓椰丝包面团和馅料的调制方法。

（3）了解食用色素的分类及运用。

（4）能够按照制作流程，在规定时间内完成斑斓椰丝包的制作。

知识技能准备

食用色素的概念和分类

（1）食品的色彩是食品感观品质的一个重要因素。人们在制作食品时常使用一种食品添加剂——食用色素。食用色素是色素的一种，即能被人适量食用的可使食物在一定程度上改变原有颜色的食品添加剂。食用色素也同食用香精一样，分为天然和人工合成两种。

（2）天然食用色素是直接从动植物组织中提取的色素，对人体一般无害，如叶绿素、姜黄素、胡萝卜素等。人工合成食用色素，是以煤焦油中分离出来的苯胺染料为原料制成的，故又称煤焦油色素或苯胺色素，如合成苋菜红、胭脂红及柠檬黄等。这些人工合成色素因易诱发中毒、泻泄甚至癌症，对人体有害，故不能多用或尽量不用。

（3）天然色素对人体无害甚至还有一定的营养功效，但其性质不稳定，在使用过程中容易受各种因素（如光照、温度、氧化、pH 值、介质极性、金属离子、添加剂等）的影响而发生褪色、变色

等变化，而影响其着色效果。

(4) 人工合成色素在一定的使用范围内对人体无害，但超过了一定的使用标准就会对人体有害。其性质稳定，在使用过程中不易受各种因素(如光照、温度、氧化、pH 值、介质极性、金属离子、添加剂等)的影响而发生褪色、变色等方面的变化，着色效果明显。

制作斑斓椰丝包

一、面点制作

填写面点制作工作页。

实训产品	斑斓椰丝包	实训地点	面点厨房
工作岗位	面点制作		
操作步骤	**❶ 备料** (1) 皮料：低筋面粉 500 g、泡打粉 5 g、酵母 5 g、白糖 100 g、斑斓汁 220～240 g。 (2) 馅料：新鲜椰丝 1000 g、白糖 300 g。 **❷ 操作步骤** (1) 将斑斓叶洗净切小段，放进榨汁机内，加入少许水榨成汁，过滤备用。 (2) 将椰子肉刨丝拌入白糖制作馅心。   (3) 将低筋面粉、泡打粉过筛，在斑斓汁里倒入酵母、白糖，抓拌至白糖溶化，与面粉混合，揉成光滑面团，静置 5 分钟。 (4) 把面团平均分为每个 60 g 的剂子。   (5) 把面团擀成中间会厚四周薄的圆形面皮，包入拌好的椰丝馅。发酵至原来体积的 1.5～2 倍。 (6) 大火蒸制 10 分钟即可。		

续表

<table>
<tr><td>操作步骤</td><td>
❸ 技术要点
（1）酵母使用时冬天可用温水，同时酵母量可适当增加，以使其充分发酵。
（2）白糖需溶化，若不溶化对包子的色泽有一定影响。
（3）正确鉴别醒发的程度，醒发时间不够则包身爆裂，醒发时间过长包身有皱皮、身塌的现象</td></tr>
<tr><td>面点成品</td><td></td></tr>
<tr><td>完成情况</td><td></td></tr>
<tr><td>反思改进</td><td>（1）列出工艺关键：

（2）找出不足，提出改进措施：</td></tr>
</table>

二、收档及整理

填写收档工作页及自查表。

任务名称	各岗位工作任务要素	工 作 评 价			
收档工作记录	工具收档	规范		欠规范	
	案板收档	规范		欠规范	
	设备收档	规范		欠规范	
反思					

制订实训任务工作方案

进入厨房工作准备

组织实训评价

一、练习

(一) 选择题

1. 生物发酵工艺中,酸味的主要来源是(　　)。

A. 酵母菌　　B. 霉菌　　C. 醋酸菌　　D. 乳酸菌

2. 包馅品种使用按的方法时,应注意动作要(　　),防止馅心外露。

A. 轻重适度　　B. 快速有力　　C. 轻柔　　D. 小心翼翼

(二) 判断题

(　　)1. 甜馅是以糖、油为基础,配以各种果实、种子、蜜饯等原料,采用拌制或炒制而成的一类馅。

(　　)2. 馅心是指将各种制馅原料,经过精细加工、调和、拌制或熟制后包入和夹入坯皮内,形成面点制品风味的物料,又称馅子。

二、课后思考

制作斑斓椰丝包的关键点有哪些?

三、实践活动

以小组为单位,各自制作一份斑斓椰丝包,并互相讨论、评价。

任务五

酥皮奶黄包

教学资源包

掌握膨松面团的调制方法，正确判断面团的发酵程度，完成酥皮奶黄包的蒸制。

酥皮奶黄包的起源

猪油，又称荤油或猪大油，是从猪肉提炼出的食用油之一。其初始状态是略呈黄色半透明液体，常温下为白色或浅黄色固体。猪是中国最早驯养的家畜，在生产力不很发达的古代，中国人缺水缺油时，猪油自然是活性油和肉味的主要来源。猪肉香主要来源于一些微量的特殊蛋白质和甘油酯的分解产物。

此外，猪油饱和脂肪含量多，可将油脂、淀粉及纤维素融合，使菜肴变得润、滑、酥、脆。跟植物油相比，猪油的耐热性较好，长时间受热后氧化聚合较少。因此，猪油常被用来煎炸食品、加工面点，使得面点制品分层。酥皮奶黄包就是利用猪油的起酥性使得面团分层的，故包子松软香甜，富有弹性，内馅香甜可口。

酥皮奶黄包很软，在蒸制过程中需要向外排气，所以在包子生坯中间切小口，同时让酥层显露出来，可增加成品的美观性。

实训任务目标

(1) 了解酥皮奶黄包的相关知识。
(2) 掌握酥皮奶黄包面团和馅料的调制方法。
(3) 了解酵母的历史及构造。
(4) 了解发酵面团的特性。
(5) 能够按照制作流程，在规定时间内完成酥皮奶黄包的制作。

一、酵母的历史

酵母是在适宜的温度和湿度条件下，发酵而成的植物性单细胞微生物。它们一般将糖作为养料，在适当的水分环境中发生反应。酵母的增殖方法为出芽法。面包的酵母一般分为酵母和天然酵素，酵母又分为生酵母、干酵母和速成酵母。

现在所用的酵母是19世纪以后产生的。酵母在低温条件下一般处于休眠状态。当温度达到30～50 ℃时，酵母活性比最强，如果温度达到60 ℃左右，酵母就会死亡。酵母是微生物，其保

存条件是非常重要的，多存放于冷藏室（0～3 ℃），温度稍高一点，以 10 ℃以下为宜。如果在常温下放置，会因为呼吸作用而发热，发酵能力减弱。

二、酵母的构造

酵母菌是一种单细胞真菌，分属于子囊菌纲，担子菌纲及半知菌类。已知的酵母菌有 372 种，分属于 39 个属。酵母菌是人类较早应用于制作面包、酿酒等的一类微生物。

酵母是和面团发酵膨胀有直接关系的重要材料。因为酵母中酒精发酵生成了二氧化碳，这是面团膨松的原因，同时又生成了酒精和有机酸，它们形成了面包的独特风味。最近开发出来的可冷冻保存的半干燥酵母等新制品，因为面包的种类和制法不一样，所以使用酵母的种类和发酵的方法也都不一样，选择的时候要注意。

三、生物膨松面团的特性

（1）生物膨松面团松软，肥嫩、饱满，其色泽洁白，有独特的酸味，有一定的发酵香味。它的用途最广，适合制作馒头，大包，花卷等品种。制品形态饱满，疏松多孔，质感柔软，松糯适口。

（2）生物膨松面团调制方法与用途。

①调制方法：面粉放在案板上，中间开一个窝，按原料配比依次加入酵母、白糖、泡打粉、水，和匀，拌成雪花面，再撒少许水，揉成光滑面团，醒发至透即成。

②判断方法：一般来说，发酵正常的生物膨松面团膨松柔软，色泽洁白滋润，软硬适当；富有弹性，有独特的酸味，有发酵的香味；用手按面，面一按一鼓，按下的坑能慢慢鼓起，用手拉面带有伸缩性，质地柔软光滑；用手拍面，有“嘭嘭”声；切开面团，剖面有许多均匀扁圆形小空洞，呈网状结构。

③用途：用于制作面包、花卷、包子、馒头等。

制作酥皮奶黄包

一、面点制作

填写面点制作工作页。

实训产品	酥皮奶黄包	实训地点	面点厨房
工作岗位	面点制作		
操作步骤	**❶ 备料** （1）水油皮料：低筋面粉 500 g、泡打粉 10 g、干酵母 4 g、白糖 100 g、猪油 25 g、水 220 g。 （2）油酥心：低筋面粉 500 g、猪油 250 g。 （3）馅料：奶黄馅 1000 g。 **❷ 操作步骤** （1）备料。 （2）水油皮：低筋面粉、泡打粉、干酵母混合开成环形，放入白糖、水搅至白糖完全溶化。 （3）加入猪油，埋粉搓成光滑的面团待用。		

续表

操作步骤

(4) 油酥心:低筋面粉加入猪油搓至顺滑即可。

(5) 将面皮分 10 份,油酥心分 10 小粒,面皮包入油酥心成圆形。

(6) 将面皮压扁,用木棍擀成长形,再卷成筒状,静置 10 分钟后,开成直径 6 cm 的圆件,包上奶黄馅,捏紧开口。

(7) 用刀在顶部切一个小“十”字形口,放在蒸笼里醒发。

(8) 醒发约 30 分钟后用大火蒸熟便成。

❸ **技术要点**

(1) 水油皮包油酥心时要把开口收紧,不要露出馅心。

(2) 发酵程度适当,发酵不够会导致成品口感硬实,发酵过度会导致成品产生酸味,影响口感

续表

面点成品	
完成情况	
反思改进	(1) 列出工艺关键： (2) 找出不足，提出改进措施：

二、收档及整理

填写收档工作页及自查表。

任务名称	各岗位工作任务要素	工作评价			
收档工作记录	工具收档	规范		欠规范	
	案板收档	规范		欠规范	
	设备收档	规范		欠规范	
反思					

练习与思考

一、练习

（一）选择题

1. 下列不是脂肪功能的是（　　）。

A. 供能　　B. 增加饱腹感

C. 促进水溶性维生素吸收　　D. 促进脂溶性维生素吸收

2. 食用油脂的保存应尽量将其（　　），避免氧化。

A. 与空气隔绝　　B. 与空气接触　　C. 放在冰箱中　　D. 随便放置

（二）判断题

（　　）1. 蒸制奶黄馅的火力应选用大火。

（　　）2. 包子面坯醒面时，要有良好的温度和湿度。

二、课后思考

制作酥皮奶黄包的关键点有哪些？

三、实践活动

以小组为单位，各自制作一份酥皮奶黄包，并互相讨论、评价。

制订实训任务工作方案

进入厨房工作准备

组织实训评价

任务六

黄金大饼

教学资源包

明确实训任务

掌握膨松面团的调制方法，正确判断面团的发酵程度，完成黄金大饼的炸制。

实训任务导入

黄金大饼的起源

黄金大饼，外表酥脆，内馅香甜，厚厚的金黄色大饼包裹着香甜软糯的豆沙馅，咬上一口，香到嘴里，甜到心里，老少皆宜，且带着浓浓年味，喜庆又美味。黄金大饼起初是北方地区家里过年必备的一道传统应景主食，取的是一个金玉满堂、大富大贵的好彩头。现如今，黄金大饼越来越出名，从北方一直传到南方，现已风靡全国。海南人民根据自己的饮食习惯对馅心进行了创新，在豆沙馅的基础上，增加了椰丝花生、南乳葱花等更加符合海南本土口味的馅心，这也使黄金大饼成为海南各大宴席上必不可少的一道寓意点心。

实训任务目标

(1) 了解黄金大饼的相关知识。

(2) 掌握黄金大饼面团的调制方法。

(3) 了解膨松剂的类别和化学膨松剂的分类。

(4) 了解不同膨松剂的混合使用效果。

(5) 能够按照制作流程，在规定时间内完成黄金大饼的制作。

知识技能准备

一、膨松剂的种类

膨松剂也称疏松剂、膨大剂、膨胀剂。在糕点、饼干加工过程中，膨松剂是用以使糕点、饼干体积膨胀、结构疏松的物质。膨松剂可分为化学膨松剂和生物膨松剂两类，酵母就是生物膨松剂，常用的化学膨松剂有以下几种。

1. 小苏打(碳酸氢钠) 一种碱性盐，在糕点饼干制作中的作用机理主要是受热自身分解，产生二氧化碳气体，使糕点体积膨胀。小苏打分解可产生碱性物质碳酸钠，碳酸钠即是家庭制作馒头时常用的“面碱”，亦称大苏打。如果小苏打用量过多，则碳酸钠在产品中残留过多，极易使成品 pH 值升高，碱性过强，颜色变黄、变黑，内部组织空洞多、不均匀，形状不良。由于小苏打分解产生的碳酸钠与油脂易发生“皂化反应”，产生“肥皂味”而影响成品品质及风味，故小苏打不宜用于重油类糕饼中。小苏打在糕点饼干制作中主要起“水平膨胀”作用，行话称“起横劲”。因此，

可用于桃酥等饼状类产品。由于小苏打分解产生的二氧化碳密度较大，故在糕点饼干中气体膨胀速度缓慢，使制品组织均匀，这是小苏打的主要优点。

2. 碳酸氢铵　俗称臭碱。其作用机理是受热后分解产生氨气、二氧化碳和水，使糕点体积膨胀。与小苏打相比，它会产生二氧化碳和氨气两种气体，其膨胀力比小苏打大得多。由于碳酸氢铵产生的氨气密度小，上冲力大，故在糕点饼干制作中主要起"竖向膨胀"作用，行话称"起竖劲"或"拔高"。因此，碳酸氢铵主要用于糕类等体积较大、内部组织较疏松多孔的一类产品。碳酸氢铵的生成物之一是氨气，可溶于水中，产生强烈的"氨臭"味。如果用量过多，将严重影响糕点饼干的风味和品质，故不适宜单独在含水量较高的蛋糕中使用，可在饼类中使用。碳酸氢铵分解产生的氨气严重污染工作环境，对人体嗅觉器官有强烈的刺激性，特别是对烤炉工伤害更大。这是近年来碳酸氢铵在食品厂利用越来越少的主要原因。此外，也正是由于碳酸氢铵产生的氨气密度小，上冲力大，在糕点饼干中气体膨胀速度过快，造成制品组织不均匀、粗糙、孔洞多且大，这是碳酸氢铵的主要缺点。

3. 泡打粉(复合膨松剂)　一种复合膨松剂，又称发粉、焙粉、发酵粉，主要由小苏打、酸式盐和填充物三部分组成。其作用机理是，受热后小苏打与酸式盐发生化学反应产生二氧化碳，使糕点饼干体积膨大。

泡打粉的特点：由于泡打粉是根据酸碱中和反应的原理而配制的，因此它的生成物显中性，消除了小苏打和臭碱各自使用时的缺点。用其制作的糕点饼干，组织均匀、质地细腻、无大孔洞、颜色正常、风味纯正。与小苏打一样，泡打粉的膨胀力也较小。在某些糕点中仍需要小苏打和臭碱复合使用。

二、不同膨松剂的混合使用

各种膨松剂都有其优缺点，若将其混合使用，可扬长避短，使其更适合某种糕饼产品。如，小苏打、泡打粉的膨松原理都是产生二氧化碳气体，密度大、膨胀力较小，不适用于要求体积较大、组织特别疏松的产品。而碳酸氢铵的膨松原理是产生氨气，密度小，膨胀力较大，但不适用于要求体积适中、组织均匀的产品。因此，可将小苏打、泡打粉分别与碳酸氢铵混合使用，用于糕类产品时，其混合比分别为则 3∶7 或 4∶6，其效果明显优于各自单独使用。

制作黄金大饼

一、面点制作

填写面点制作工作页。

实训产品	黄金大饼	实训地点	面点厨房
工作岗位	面点制作		
操作步骤	**❶ 备料** (1) 皮料：低筋面粉 500 g、泡打粉 5 g、酵母 5 g、白糖 75 g、黄奶油 50 g、鲜牛奶 150 g、鸡蛋 1 个、水 75 g。 (2) 馅料：红豆沙 600 g。 (3) 辅料：白芝麻 200 g、大豆油 2000 g。		

续表

操作步骤	❷ **操作步骤** （1）备料。  （2）低筋面粉、泡打粉过筛倒在案板上，开窝，倒入酵母、白糖和水，抓拌至白糖溶化。 （3）放入白糖、鸡蛋、黄奶油，擦至乳化。   （4）加入酵母、鲜牛奶、水，搅拌均匀后揉成光滑的面团。 （5）盖上湿毛巾醒发成中酵面（静置的目的是让面团形成细密的面筋网络组织，从而改善面团的黏性、弹性和柔软性）。   （6）将面团分为两份，擀成面皮。 （7）包入豆沙馅呈圆形状。   （8）光面刷水粘上白芝麻后按扁。 （9）放入蒸笼内，大火蒸制 15 分钟成熟。

续表

<table>
<tr><td>操作步骤</td><td>
(10) 油温升至 180 ℃左右时,放入蒸熟的饼坯。
(11) 炸至两面金黄即可捞出沥干。

(12) 摆盘。
❸ 技术要点
(1) 擀制的面皮要中间厚四周薄,包馅心时封口一定要捏结实,不能留缝,否则,在炸制时收口处容易破开,致使破口吸油。
(2) 包入豆沙馅后收口向下再擀薄,保持表面光滑。
(3) 粘芝麻前面皮要先蘸水,再轻轻按压,否则芝麻没粘紧则在炸制的过程中会脱落。
(4) 炸制过程要受热均匀,保持两面颜色一致</td></tr>
<tr><td>面点成品</td><td></td></tr>
<tr><td>完成情况</td><td></td></tr>
<tr><td>反思改进</td><td>(1) 列出工艺关键:

(2) 找出不足,提出改进措施:</td></tr>
</table>

二、收档及整理

填写收档工作页及自查表。

任务名称	各岗位工作任务要素	工作评价			
收档工作记录	工具收档	规范		欠规范	
	案板收档	规范		欠规范	
	设备收档	规范		欠规范	
反思					

练习与思考

制订实训任务工作方案

进入厨房工作准备

组织实训评价

一、练习

（一）选择题

1. 泡打粉的主要成分是（　　）。

A. 小苏打　　B. 酸式盐　　C. 填充物　　D. 以上都是

2. 面粉的质量对发酵面团的影响主要表现在（　　）的产气性和蛋白质的持气性两方面。

A. 脂肪　　B. 淀粉　　C. 矿物质　　D. 维生素

（二）判断题

（　　）1. 膨松面团就是指在面团调制过程中加入酵母使之膨松的面团。

（　　）2. 面点主坯的主要原料必须具备三个条件，一是有一定的韧性，便于包捏，且不破裂；二是有一定的延伸性和可塑性，便于擀薄制皮或成型；三是有饱腹作用且对人体健康无害。

二、课后思考

制作黄金大饼的关键点有哪些？

三、实践活动

以小组为单位，各自制作一份黄金大饼，并互相讨论、评价。

任务七

菠萝面包

明确实训任务

了解面包的分类，掌握菠萝面包的面团和酥皮的制作方法，完成菠萝面包的烤制。

实训任务导入

菠萝面包的起源

菠萝面包是源自香港的一种甜味面包，因菠萝面包经烘焙过后表面呈金黄色、凹凸的脆皮状似菠萝而得名。菠萝面包实际上并不含菠萝，面包中间亦没有馅料。菠萝面包据传是因为早年香港人对原有的面包不满足，认为味道不足，因此在面包上加上白糖等甜味馅料而成。菠萝面包外层表面的脆皮，一般由白糖、鸡蛋、面粉与猪油烘制而成，是菠萝面包的灵魂，为平凡的面包增添了不一般的口感，以热食为佳。菠萝面包传入海南后受到广大海南人民的喜爱，在老爸茶店里，菠萝面包随处可见。菠萝面包本身很朴实，并无哗众取宠之意，只是因为它的新奇和不寻常的口味，才令人匪夷所思，一样的面粉发酵，这是海南阿婶阿婆都会做的，也可以添加菠萝、什果作为馅心，甜腻的面点内夹杂着新鲜、美味、爽口的水果，可以解腻，消滞生津；还覆盖着一层香脆的酥皮，制作出成品之后还要涂抹一层鸡蛋液，放入烤箱便烤成金黄诱人的面点了。

实训任务目标

（1）了解菠萝面包的相关知识。

（2）掌握菠萝面包面团和酥皮的制作方法。

（3）了解面包的分类。

（4）能够按照制作流程，在规定时间内完成菠萝面包的制作。

知识技能准备

面包的分类

（1）面包按照软硬程度可分为软质类面包、硬质类面包、松质类面包和脆皮面包等。

①软质类面包：我们常吃的一些甜面包，如香肠面包、栗茸面包等，它的口感比较甜、柔软，一般以鸡蛋、油脂、糖和面粉占比较多，所以这类面包比较柔软，大部分亚洲国家喜欢吃这种软质类面包。

②硬质类面包：如法棍、俄罗斯大列巴等，这些硬质类面包含的油、糖和蛋的量都较少，一般掺入少量的全麦粉，或以单一面粉来制作。这一类面包外皮比较硬，内部比较柔软，是我们日常生活中，吃的比较健康的一种面包，如在西方，人们不会每天都吃软质类面包，因为它的营养成分太高，热量太大，容易导致肥胖，而硬质类面包中可放入干果，如核桃、芝麻等，更有利于身体健康。

③松质类面包:外皮比较酥脆,内部比较柔软的面包,如牛角面包、丹麦面包等。它们有一个共同特点:都需要嵌入一定量的油脂来制作,所以这一类面包的油脂含量较多。

④脆皮面包:表皮酥脆而易折断,内部较松软,小麦香味浓厚的面包。一般来说需要喷蒸汽来进行烘烤,这样有利于形成表皮光亮的脆皮。

(2) 面包按照地域不同,可分为法式面包、意式面包、德式面包、俄式面包、英式面包和美式面包等。

①法式面包:以棍式面包为主,表皮脆内部软。

②意式面包:面包式样多,有橄榄形、棒形、半球形等,有些品种加入很多辅料,营养丰富。

③德式面包:以黑麦粉为主要原料,多采用一次发酵法,面包酸度较高,维生素 C 的含量较高。

④俄式面包:以小麦粉为主要原料,也有部分燕麦面包,形状有大圆形或梭子形等,表皮硬而脆(冷后发韧),酸度较高。

⑤英式面包:多采用一次发酵法制成,发酵程度较小,典型的产品是夹肉、蛋、菜的三明治。

⑥美式面包:以长方形白面包为主,其特点是松软,弹性足。

(3) 面包按照用途不同,可分为主食面包、餐包、点心面包和快餐面包等。

①主食面包:亦称配餐面包,食用时往往佐以菜肴、果酱,如吐司面包。

②餐包:一般用于正式宴会和就餐。

③点心面包:休息或早餐时用作点心的面包,配方中加入了较多的糖、油、鸡蛋、奶粉等高级原辅料,亦称高档面包,如甜面包。

④快餐面包:为适应快节奏的工作和生活应运而生的一类快餐食品,如三明治、汉堡。

(4) 面包按照成型方式不同,可分为普通面包和花式面包等。

①普通面包:指以小麦粉为主体制作的成型比较简单的面包。

②花式面包:指成型比较复杂,形状多样化的面包。如动物面包、辫子面包等。

菠萝面包是利用酵母生产、繁殖,从而使面团发酵膨松,酵母吸收面团中的糖、蛋白质和其他营养成分,在氧气的参与下进行呼吸作用,产生二氧化碳气体,使面团膨松。因此在制作面包时,应给酵母发酵提供合适的条件,以达到最佳的膨松效果;在搅打面团时,应控制搅打程度,搅打时间不够,烤制出来的面包较硬实,搅打时间太长,面筋被破坏,烤制出来的面包容易塌。因此,要掌握好面包不同阶段的制法,使制作出来的面包达到应有的效果。

制作菠萝面包

一、面点制作

填写面点制作工作页。

实训产品	菠萝面包	实训地点	面点厨房
工作岗位	面点制作		
操作步骤	**❶ 备料** (1) 皮料:高筋面粉 500 g、白糖 83 g、酵母 10 g、奶粉 25 g、面包改良剂 5 g、鸡蛋 50 g、水 230 g、黄油 50 g、食盐 7.5 g。		

续表

操作步骤

（2）菠萝皮：低筋面粉 170 g、白糖 121 g、鸡蛋 2 g、小苏打 1.5 g、泡打粉 1.5 g、黄油 91 g、烘焙奶粉 24 g、吉士粉 15 g。

（3）日式菠萝皮：低筋面粉 70 g、白糖 40 g、鸡蛋 32 g、黄油 40 g、杏仁粉 10 g。

（4）辅料：鸡蛋液 50 g。

❷ 操作步骤

（1）备料。

（2）菠萝皮的制作：黄油、白糖搅匀，加入鸡蛋、烘焙奶粉、低筋面粉、小苏打、泡打粉、吉士粉，混合均匀备用。

（3）日式菠萝皮的制作：黄油、白糖搅匀，加入鸡蛋、低筋面粉和杏仁粉，混合均匀备用。

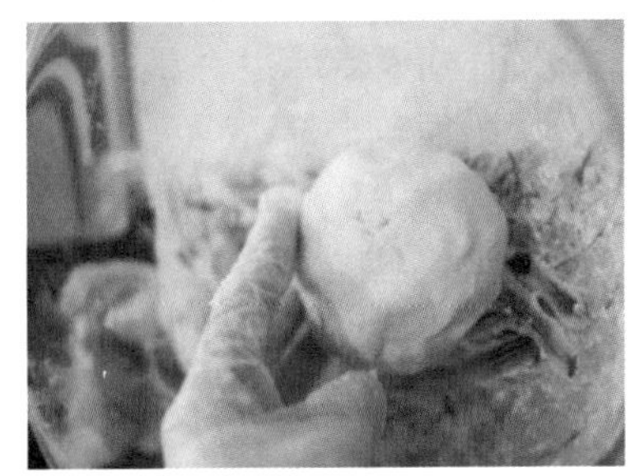

（4）面团的制作：面团原料除黄油和食盐外，其他材料一起倒入搅拌机中搅打，先慢速，待原料成团后再快速。

（5）打到面团形成比较厚的膜时，加入黄油和食盐，先慢速搅打，待黄油和食盐融入面团后再快速。

（6）接着快速搅打，面团也随之越来越光滑，取出一团慢慢抻开，形成了薄而透且不容易断裂的手套膜，面团的制作完成。

续表

操作步骤	(7) 打好的面团拿到案板上,稍加排气,静置发酵到原来体积的 2 倍。 (8) 分成每个 60 g 的剂子,分别排气。    (9) 收口向下,擀成直径约为 18 cm 的圆形。排好气的面团放进烤盘摆好,静置发酵至原来体积的 2 倍。盖上擀薄的菠萝皮,刷鸡蛋液,用牙签划出“井”字形。放入烤箱,上、下火均 200 ℃,烤制 10 分钟左右即可。   **❸ 技术要点** (1) 制作面包建议用冰水和面,这样可以抑制酵母菌提前发酵。 (2) 待面团基本光滑再加入黄油和食盐,过早或过迟加入都会影响面包的质量。 (3) 想要面包内部组织更加细腻,口感更加松软可口,可以排 2～3 次气。 (4) 每一个牌子和型号的烤箱都存在温差,所以在烤制过程中不要太拘泥于时间,要视成品的着色程度来决定。 (5) 菠萝皮擀制要薄要圆,刷鸡蛋液要轻,不能把面包体压坏
面点成品	
完成情况	
反思改进	(1) 列出工艺关键: (2) 找出不足,提出改进措施:

二、收档及整理

填写收档工作页及自查表。

任务名称	各岗位工作任务要素	工 作 评 价			
收档工作记录	工具收档	规范		欠规范	
	案板收档	规范		欠规范	
	设备收档	规范		欠规范	
反思					

练习与思考

制订实训任务工作方案

进入厨房工作准备

组织实训评价

一、练习

(一) 选择题

1. 面团中引入酵母，酵母即可得到面团中淀粉酶分解的(　　)。

A. 双糖　　B. 乳糖　　C. 蔗糖　　D. 单糖

2. 夏季气温在 20 ℃以上，相对湿度在 70%以上，正是(　　)生长、繁殖的适宜条件。

A. 微生物　　B. 酵母菌　　C. 霉菌　　D. 细菌

(二) 判断题

(　　)1. 直接发酵法又称一次发酵法。

(　　)2. 直接发酵法的优点是操作简单、发酵时间短、面包的口感风味较好。

二、课后思考

制作菠萝面包的关键点有哪些?

三、实践活动

以小组为单位，各自制作一份菠萝面包，并互相讨论、评价。

任务八

咖嗄面包

教学资源包

明确实训任务

掌握咖嗄面包面团和奶黄酱的制作方法，正确判断面团的发酵程度，完成咖嗄面包的烤制。

实训任务导入

咖嗄面包的起源

咖嗄面包是一种甜味面包，在传统的甜面包外皮下增添了奶香十足、细腻润滑的奶黄酱，为平凡的面包增添了不一般的口感，以热食为佳。咖嗄面包是海南人民根据传统面包的做法，加以发挥自己的智慧进行创新后的面包品种，受到了广大海南人民的喜爱，在老爸茶店中，咖嗄面包随处可见。

实训任务目标

(1) 了解咖嗄面包的相关知识。

(2) 掌握咖嗄面包的面团和奶黄酱的制作方法。

(3) 掌握面团形成的几个阶段。

(4) 了解乳品和糖在面包制作中的作用。

(5) 能够按照制作流程，在规定时间内完成咖嗄面包的制作。

知识技能准备

一、乳制品在面包制作中的作用

1. 营养的强化　面包内放入营养价值比较高的乳制品，面包内的有机物含量便会提高，面包的营养价值更高。

2. 增加面包的色泽　乳制品中含有焦糖，烤制时可以增加色泽。

3. 延缓老化　有利于油脂的分散，而且可与面粉结合，延迟面包的老化。

4. 增加面包的风味　因为乳制品中含有糖，可以使面包的风味增加。

5. 延缓发酵　因为脂肪覆盖了面筋膜的表面，达到延迟发酵的效果。

6. 面团变得松弛，抑制面团的膨胀　乳糖和脂肪使面团变得松弛，可以得到内部纹理均匀的面包。

二、白糖在面包制作中的作用

Note

1. 酵母的营养源　白糖是发酵时酵母的营养来源，面团发酵时，酵母所含有的酵素和白糖发生反应，分解生成二氧化碳和酒精。二氧化碳使面团膨胀，酒精使面筋软化并产生独特的香味，白糖在面包中最恰当的用量是5%～6%，如果少于或多于这个量，膨胀的效果会受影响。

2. 赋予面包甜味　一般来说，制作甜面包时，需要多放些白糖。

3. 延缓老化　白糖具有保湿性，不仅能使面团变得紧实，又可以保持面包的柔软程度。

4. 赋予面包色泽　烘烤成功的面包，一般都有焦糖的色泽，这个色泽不仅跟烘烤的温度和时间有关，也与美德拉反应有关。

三、面团的形成过程

在搅拌的过程中，面团的形成要经历以下几个阶段。

1. 初期阶段　干、湿原料在搅拌下混合，面粉颗粒吸水，面块粗糙不成团，无弹性和韧性。

2. 面筋生成阶段　面筋蛋白质在机械作用力下，由卷曲变成较为伸展状态，同时吸收大量水生成湿面筋。初期的面块开始成团，但表面黏湿，缺乏弹性和韧性。

3. 面筋扩展阶段　面筋进一步延升、扩展、初步交联，面团出现弹性，较为光滑和柔软，黏性减少，但韧性较差仍容易拉断。

4. 面筋网络形成阶段　在搅拌头的推、拉、揉、翻等作用下，面筋蛋白质形成立体的网络结构，这是面包的骨架和保气能力的基础。此时，面团非常光滑、柔软、不粘手，具有良好的弹性和韧性（"三光三不粘"）。

5. 过度搅拌阶段　面团形成后，若继续搅拌，即发生面筋断裂、弹性丧失、水分溢出等现象（粘手），这样的面团已不适合制作面包（"三粘"，泛水，粗糙如面筋生成阶段）。

一、面点制作

填写面点制作工作页。

实训产品	咖喱面包	实训地点	面点厨房
工作岗位	面点制作		
操作步骤	❶ **备料** （1）皮料：高筋面粉500 g、白糖100 g、耐高糖酵母5 g、奶粉20 g、面包改良剂2 g、鸡蛋1个、炼奶5 g、冰水225 g、黄油60 g、食盐5 g。 （2）馅料：低筋面粉30 g、白糖55 g、鸡蛋2个、牛奶120 g、奶粉20 g、黄油30 g。 （3）辅料：鸡蛋液50 g。 ❷ **操作步骤** （1）鸡蛋和白糖搅拌均匀之后，加入牛奶。 （2）低筋面粉过筛后加入牛奶中，再加入奶粉，一起搅拌均匀。 （3）过筛，成为均匀的面糊。 （4）加入黄油，小火加热，边加热边搅拌。 （5）加热到液体黏稠后熄火，放凉即成奶黄酱。 （6）面包的原料除黄油和食盐外，其他材料一起倒入搅拌机中搅打，先慢速，待原料成团后再快速。		

续表

操作步骤	 (7) 搅打至面团形成比较厚的膜时，加入黄油和食盐，先慢速搅打，待黄油和食盐融入面团后再快速搅打。 (8) 随着快速搅打，面团也随之越来越光滑，取出一团慢慢抻开，能形成较薄而透光的膜，但仍然容易断裂。  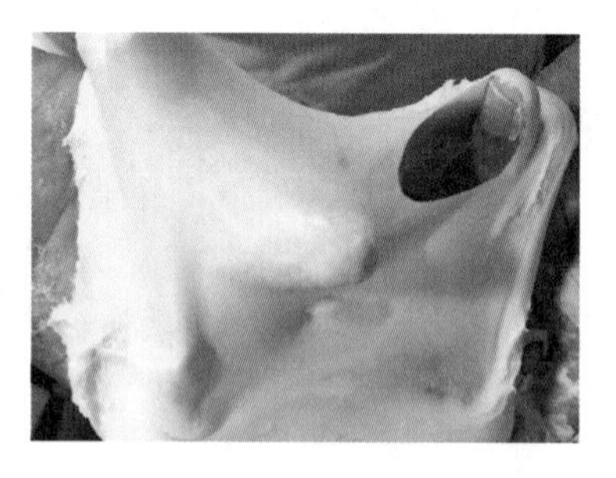 (9) 最后形成薄而透明且不容易断裂的手套膜，面团的制作完成。 (10) 搅打好的面团表面光滑，颜色洁白，柔软具弹性。搅打好的面团拿到案板上，稍加排气，静置发酵到原来体积的 2 倍。 (11) 分成每个 60 g 的剂子，分别排气。 (12) 排好气的面团静置 10 分钟后，擀成长舌状，刷上奶黄酱，两头叠起但不完全重合(上面的面皮偏短下面的面皮偏长)，发酵至原来体积的 2 倍。 (13) 刷上鸡蛋液，放入烤箱，上、下火均 200 ℃，烤制 10 分钟左右即可。

续表

<table>
<tr><td>操作步骤</td><td>
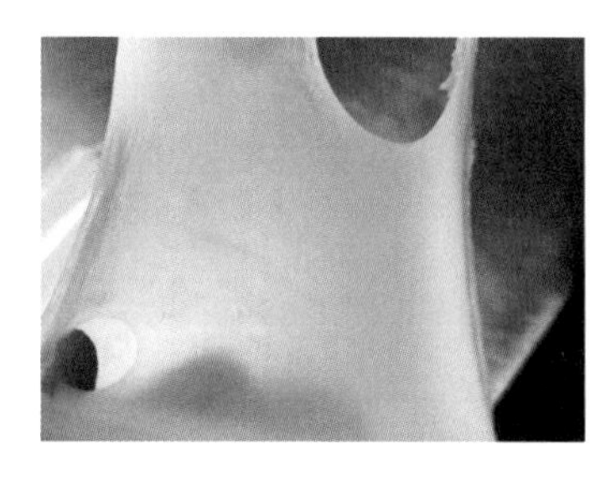

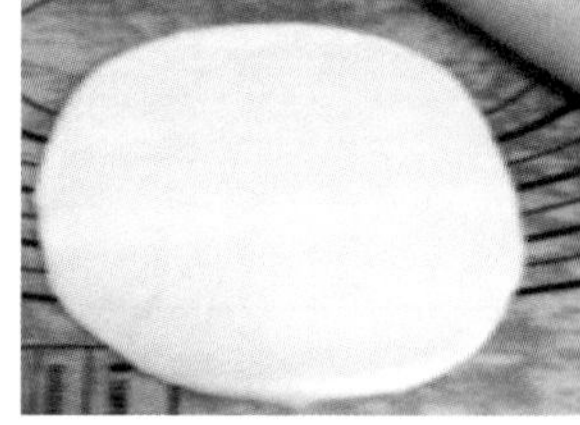

❸ 技术要点

(1) 制作面包建议用冰水和面，这样可以抑制酵母菌提前发酵。
(2) 待面团基本光滑再加入黄油和食盐，过早或过迟加入都会影响面包的质量。
(3) 想要面包内部组织更加细腻，口感更加松软可口，可以排 2～3 次气。
(4) 每一个牌子和型号的烤箱都存在温差，所以在烤制过程中不要太拘泥于时间，要视成品的着色程度来决定。
(5) 刷鸡蛋液要轻，不能把面包体压坏。
(6) 制作奶黄酱的材料混合均匀后一定要过筛，这样制作的奶黄酱口感更细腻。
(7) 炒奶黄酱要用平底锅，要不停地翻动防止粘锅，开始部分液体会出现结块，接着炒，直到液体全部变成黏稠状即可盛出备用
</td></tr>
<tr><td>面点成品</td><td></td></tr>
<tr><td>完成情况</td><td></td></tr>
<tr><td>反思改进</td><td>(1) 列出工艺关键：

(2) 找出不足，提出改进措施：</td></tr>
</table>

二、收档及整理

填写收档工作页及自查表。

任务名称	各岗位工作任务要素	工作评价			
收档工作记录	工具收档	规范		欠规范	
	案板收档	规范		欠规范	
	设备收档	规范		欠规范	
反思					

练习与思考

制订实训任务工作方案

进入厨房工作准备

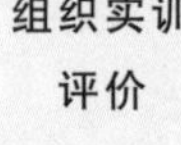

组织实训评价

一、练习

(一) 选择题

1. 面包类是以面粉为主、以酵母等原料为辅的面团经(　　)制成的产品。

A. 冷冻　　B. 发酵　　C. 反复搅打　　D. 反复擀叠

2. 在制作软质面包时，食盐的用量一般是面粉用量的(　　)。

A. 3%～4%　　B. 2%～3.2%　　C. 1%～2.2%　　D. 0.5%～1%

(二) 判断题

(　　)1. 可颂面包属于软质面包。

(　　)2. 咖喱面包属于硬质面包。

二、课后思考

制作咖喱面包的关键点有哪些？

三、实践活动

以小组为单位，各自制作一份咖喱面包，并互相讨论、评价。

任务九

椰丝面包

明确实训任务

掌握膨松面团的调制方法，正确判断发酵程度，从而完成椰丝面包的烤制。

实训任务导入

椰丝面包的起源

椰子是棕榈科植物椰树的果实，是典型的热带水果，海南富产椰子。椰子外果皮较薄，呈暗褐绿色；中果皮为厚纤维层；内层果皮呈角质。果内有一储存椰浆的空腔，成熟时，其内部储有椰汁，清如水、甜如蜜，晶莹透亮，是清凉解渴之品。椰子越成熟，所含蛋白质和脂肪也越多，这是其他南方水果所不能比拟的。椰汁和椰肉都含有丰富的营养素。椰汁清如水甜如蜜，饮之甘甜可口；椰肉芳香滑脆，柔若奶油，可以直接食用，也可用来制作菜肴、蜜饯或做成椰丝、椰蓉食用；椰子核可用来制成工艺品。

椰蓉是椰丝和椰粉的混合物，用来制作糕点、月饼、面包等和撒在糖葫芦、面包等的表面，以增加口味和装饰表面。椰丝面包以高筋面粉、鲜椰子丝为原料，是海南传统面点。该面点呈螺旋形，黄白相间，层次清晰，椰味浓郁，松脆适度。先制成面包皮，再包入糖、椰丝等馅料，切割捏成螺旋形，加上椰丝作为装饰，烘烤而成。

实训任务目标

（1）了解椰丝面包的相关知识。

（2）掌握椰丝面包的面团和馅料的调制方法。

（3）了解油脂和蛋品在面包制作中的作用。

（4）能够按照制作流程，在规定时间内完成椰丝面包的制作。

知识技能准备

一、油脂在面包制作中的作用

（1）使面包具有独特的风味。

（2）面团涂上黄油之后，可以增加面团的延伸性和可塑性。

（3）黄油等含有胡萝卜素（色素），会影响面包的颜色和味道。

（4）可以延缓面包的硬化。

二、蛋品在面包制作中的作用

（1）使面包具有独特浓厚的风味，具有良好的色泽。面团中加入蛋可以得到醇厚的风味，诱人的色泽，同时表皮表现出微焦，面包的色泽也呈现出金黄色。

(2) 蛋黄含有类胡萝卜素(色素)，使面包色泽金黄。

(3) 蛋黄含有卵磷脂(乳化剂)，可以促进材料乳化，使面团柔软，增加面包的体积，让面包拥有入口即化的感觉。

(4) 强化营养。鸡蛋含丰富的蛋白质(含必需氨基酸)，维生素 A，铁、钙等矿物质，营养价值比较均衡，所以添加鸡蛋可以增加面包的营养价值。

(5) 可以延迟老化。蛋黄中含有磷酸酯，具有乳化性和延迟老化的作用，添加了蛋黄的面包较柔软且膨松。

制作椰丝面包

一、面点制作

填写面点制作工作页。

实训产品	椰丝面包	实训地点	面点厨房
工作岗位	面点制作		
操作步骤	**❶ 备料** (1) 皮料：面包粉 500 g、耐高糖酵母 5 g、白糖 40 g、黄油 40 g、鸡蛋液 90 g、牛奶 225 g、食盐 4 g。 (2) 馅料：黄油 25 g、白糖 35 g、鸡蛋液 32 g、牛奶 25 g、奶粉 10 g、椰蓉 50 g。 (3) 辅料：椰丝 100 g(装饰)。 **❷ 操作步骤** (1) 面包原料除黄油和食盐外，其他放入打面桶，揉出厚膜后加入软化的黄油和食盐。 (2) 继续搅拌至手套膜状态。 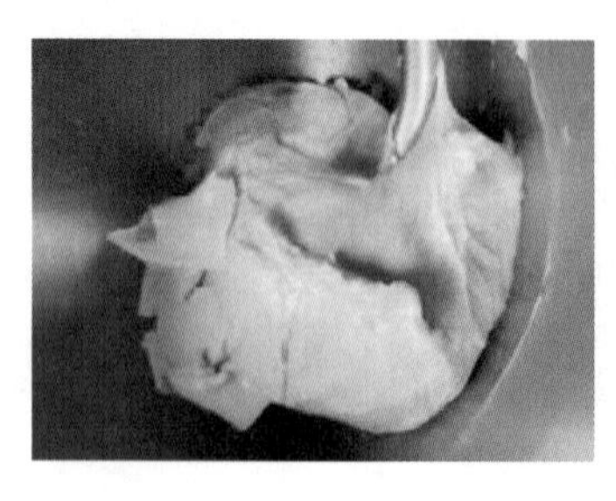 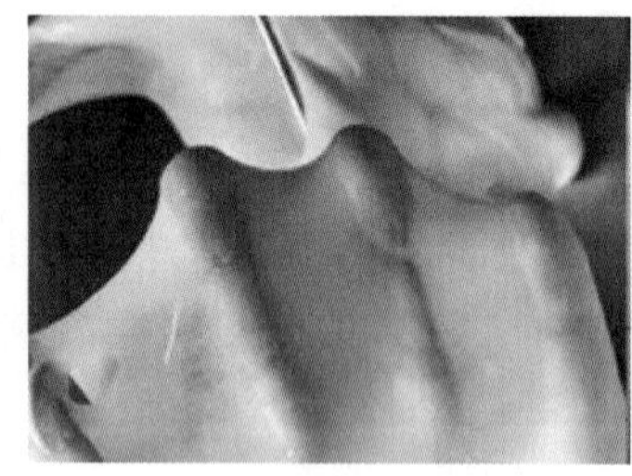 (3) 滚圆进行第一次发酵(温度 28 ℃、湿度 75%)，手指按压不塌不回弹即可，大约 1 小时。 (4) 利用第一次发酵时间同时做椰蓉奶酥：黄油软化和白糖混合均匀，依次加入其他材料混合备用。 (5) 松弛好的面团分割成 60 克/个的剂子，滚圆，依次擀开，翻面，擀成长方形，抹上椰蓉奶酥馅。 (6) 从上往下卷起成长条形，从中间切开。 (7) 编成麻花，再围成一个圈，捏紧收口，朝下放入纸托中。		

续表

<table>
<tr><td>操作步骤</td><td>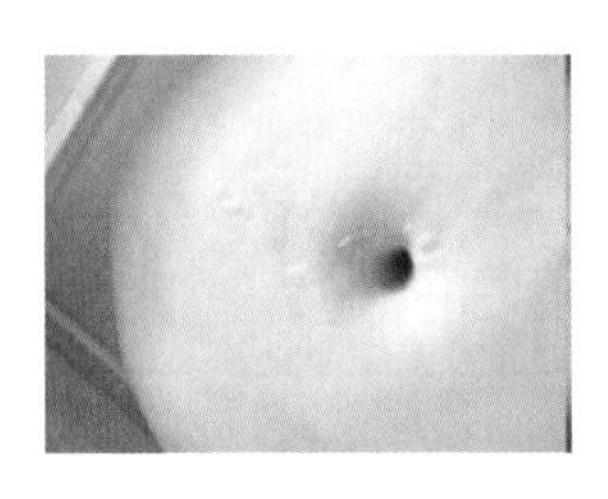  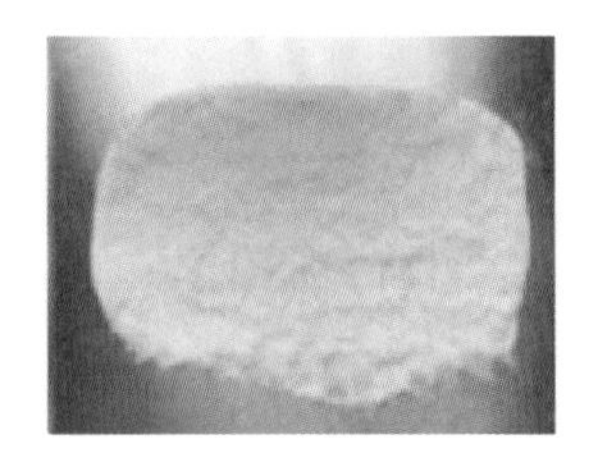
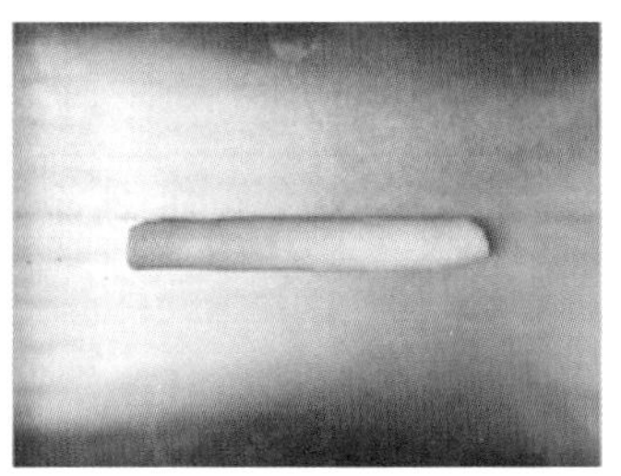 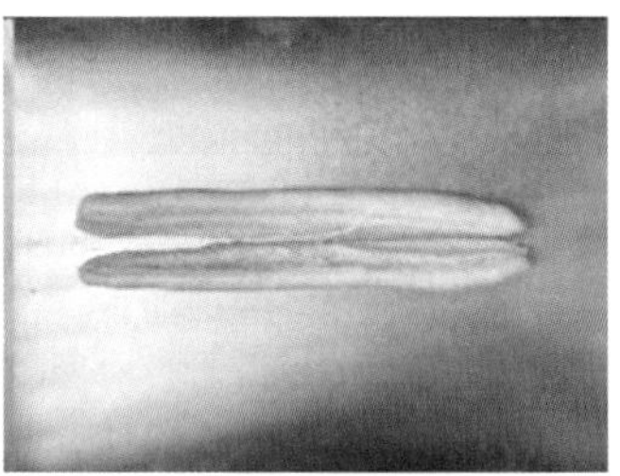
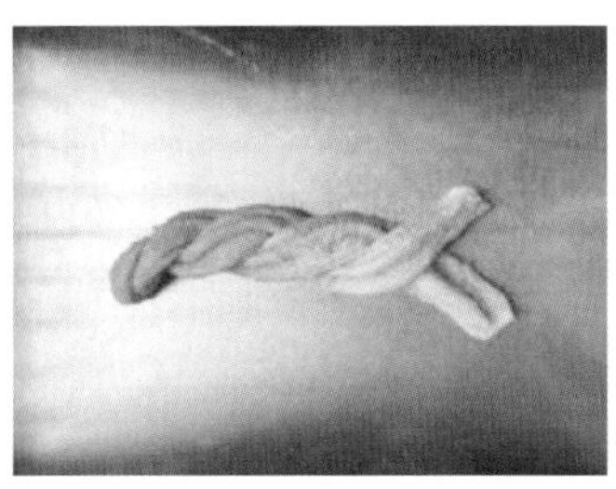 
(8) 进行第二次发酵(温度 32 ℃,湿度 75%),手指按压轻微回弹即可,表面刷鸡蛋液,撒上椰丝。烤箱提前预热完成,上火 180 ℃,下火 190 ℃,烘烤 10 分钟左右即可。
❸ 技术要点
(1) 面粉的品牌不同,面粉的吸水率也不同,所以在添加液体时不要一下子全加进去,要根据面团的情况再酌量增减。
(2) 酵母不要直接接触白糖和食盐,以免影响酵母的活性。
(3) 切好的椰蓉面包坯在放入面包托中时,要小心操作,手不要压在切面处,否则会影响层次</td></tr>
<tr><td>面点成品</td><td></td></tr>
<tr><td>完成情况</td><td></td></tr>
</table>

续表

反思改进	(1) 列出工艺关键： (2) 找出不足，提出改进措施：

二、收档及整理

填写收档工作页及自查表。

任务名称	各岗位工作任务要素	工 作 评 价			
收档工作记录	工具收档	规范		欠规范	
	案板收档	规范		欠规范	
	设备收档	规范		欠规范	
反思					

练习与思考

一、练习

(一) 选择题

1. 在大多数情况下，软质面包生坯的(　　)，其所用的烘烤温度越高、时间越短。

A. 重量越重、体积越小　　B. 重量越重、体积越大

C. 重量越轻、体积越小　　D. 重量越轻、体积越大

2. 在软质面包制作时，下列说法是错误的是(　　)。

A. 给表面刷鸡蛋液的量以鸡蛋液不从面坯表面流下为宜。

B. 在面包醒发时，要及时将烤箱调到所需的温度。

C. 烘烤面包时要经常打开烤箱门。

D. 烘烤面包前，要了解面包的性质和配方中原料的成分。

(二) 判断题

(　　)1. 烤制品的特点是成品一般表面呈金黄色，质地疏松富有弹性，口感香酥可口。

(　　)2. 烤制不同制品要用不同的火力，同一品种也要分出不同阶段的火力。

二、课后思考

制作椰丝面包的关键点有哪些？

三、实践活动

以小组为单位，各自制作一份椰丝面包，并互相讨论、评价。

任务十

红糖馒头

明确实训任务

教学资源包

了解红糖馒头的由来；理解红糖馒头的特点。

实训任务导入

红糖馒头的由来

红糖馒头在海南被称为“黄馒头”，它的制作过程和名字一样并不复杂。原料只需要普通的面粉、红糖和水。相传早在三国时期，诸葛武侯南下平叛，兵渡泸水之时，河流湍急，武侯为保三军将士安稳渡江，献出妙计，用面粉揉捏成人像，以替代真人献祭河神，得以凯旋。刘备夫人甘氏后人听闻，为犒劳三军将士，便以面粉为原材，辅以纯正手工技艺做出了中式面点的霸王——甘家铺子红糖馒头。甘夫人之后代代相传面点手工技艺，坚持传统手工面点制作，结合当下健康养生理念，让甘家铺子红糖馒头传承了家的味道。

实训任务目标

(1) 了解红糖馒头的由来。

(2) 理解红糖馒头的特点。

(3) 熟悉红糖馒头的制作工艺。

(4) 能独立完成红糖馒头的制作任务。

知识技能准备

面　　粉

面粉是由小麦经加工磨制而成的粉状物质。它在面点制作中用量较大，用途也较为广泛。

目前市场供应的面粉可分为等级粉和专用粉两大类。

(1) 等级粉：按加工精度不同分类，可分为特制粉、标准粉、普通粉。

①特制粉：加工精度高，色泽洁白，颗粒细小，含麸量少。用特制粉调制的面团筋性强，色泽白，适宜制作各种精细品种。如花色蒸饺、翡翠烧卖等。

②标准粉：加工精度较高，颜色稍黄，颗粒较特制粉粗，含麸量多于特制粉，水分含量不超过14%。用标准粉调制的面团筋性弱于特制粉，适宜制作大众化面点品种。

③普通粉：颜色比标准粉黄，颗粒较粗，含麸量多于标准粉，现在许多厂家已不加工普通粉。

(2) 专用粉。

①面包粉：面包粉也称高筋面粉，该面粉调制的面团筋性大，饱和气体的能力强，制作出的面包膨松、松软且富有弹性。

②糕点粉：也称低筋面粉，是将小麦经高压蒸汽加热 2 分钟后再制成的面粉。小麦经高压蒸汽处理后，改变了蛋白质的性质，降低了面粉的筋性。糕点粉适合制作饼干、蛋糕、开花包子等制品。

③自发粉：在特制粉中按一定的比例添加泡打粉或干酵母制成的面粉。自发粉可直接用于制作馒头、包子等发酵制品。

④水饺粉：粉质洁白、细腻，面筋蛋白质含量较高，加水和成的面团具有较好的耐压强度和良好的延展性，适合做水饺、面条、馄饨等品种。

制作红糖馒头

一、面点制作

填写面点制作工作页。

实训产品	红糖馒头	实训地点	面点厨房
工作岗位	面点制作		
操作步骤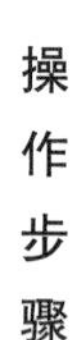	❶ **备料** 低筋面粉 500 g、水 220 g、酵母 5 g、泡打粉 8 g、红糖 150 g、老面 9 g、白糖 50 g、猪油 30 g。 ❷ **操作步骤** (1) 低筋面粉、泡打粉混合，开窝，放入酵母、红糖、水、老面、白糖、猪油，搅拌均匀。 (2) 揉至面团光滑。   (3) 再用压面机把面团压实。 (4) 压成长方形面片，放在案板上。对折，反复压两次。 (5) 在中间均匀抹上红糖，对折后再放入压面机压成长条。    (6) 压好后延边缘向里卷成长条。 (7) 用刀把条切成大小均匀的面剂。 (8) 中间划上一刀，放入蒸屉中。 (9) 蒸制 10～15 分钟即可。		

Note

续表

<table>
<tr><td>操作步骤</td><td>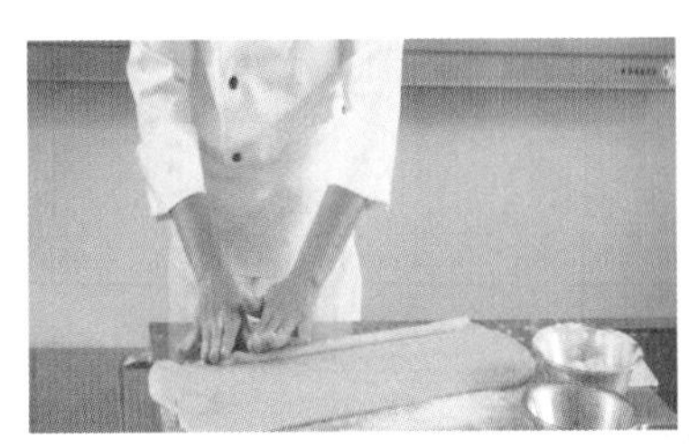 

❸ **技术要点**
(1) 面粉选用低筋面粉。
(2) 面团用压面机压好后再抹红糖继续压是为了加深颜色</td></tr>
<tr><td>面点成品</td><td>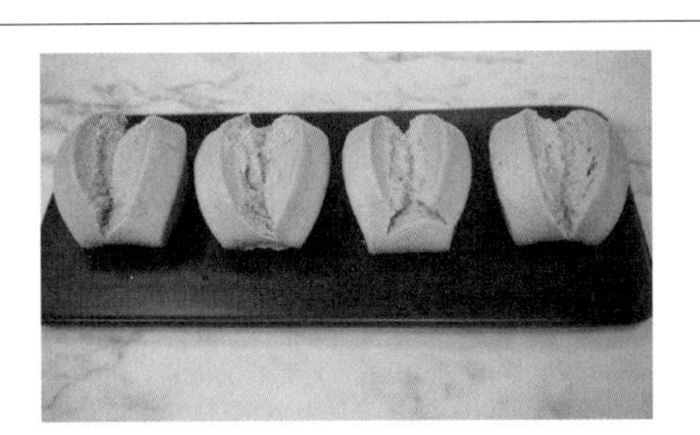</td></tr>
<tr><td>完成情况</td><td></td></tr>
<tr><td>反思改进</td><td>(1) 列出工艺关键：

(2) 找出不足，提出改进措施：</td></tr>
</table>

二、收档及整理

填写收档工作页及自查表。

任务名称	各岗位工作任务要素	工作评价			
收档工作记录	工具收档	规范		欠规范	
	案板收档	规范		欠规范	
	设备收档	规范		欠规范	
反思					

制订实训任务工作方案

进入厨房工作准备

组织实训评价

一、练习

(一) 选择题

1. 专用粉可分为(　　)。

A. 面包粉　　B. 糕点粉　　C. 水饺粉　　D. 以上都是

2. 制作红糖馒头用的面粉是(　　)。

A. 低筋面粉　　B. 中筋面粉　　C. 高筋面粉　　D. 以上都是

(二) 判断题

(　　)1. 低筋面粉面团的特点是延展性好。

(　　)2. 红糖馒头在蒸制时宜用小火慢蒸。

二、课后思考

制作红糖馒头的关键点有哪些?

三、实践活动

以小组为单位,各自制作一份红糖馒头,并互相讨论、评价。

项目二
海南酥点类面点

【项目描述】

从字面来看,“酥”字由两部分构成。左边是“酉”,象征着动物奶提炼出的精华,最开始指的是发酵后的酸奶或奶酒,后来也指脂肪。右边是“禾”,象征着面粉。面粉和油脂,恰好是制作酥点的基本原料。海南酥点融合了当地特色原料,如椰蓉、椰丝、斑斓等,独具海南特色。

【项目目标】

(1) 能从多维度掌握各种开酥、包酥的方法与技巧,了解其相应的用法。

(2) 能独立完成酥点的制作和摆盘。

(3) 培养安全意识、卫生意识以及爱岗敬业的职业素养。

(4) 在制作和创新酥点的过程中感受烹饪艺术的趣味,培养创新意识和工匠精神。

任务一

老婆饼

明确实训任务

掌握油酥面团的制作方法，正确掌握操作技巧，完成老婆饼的烤制。

实训任务导入

老婆饼的起源

相传，元末明初期间，元朝的统治者不断向老百姓收取各种名目繁杂的赋税，老百姓被压迫掠夺得很严重，全国各地的起义络绎不绝，其中最具代表的一支队伍是朱元璋统领的起义军，朱元璋的妻子马氏是个非常聪明的人，在起义初期，因为当时战火纷纷，粮食常常不够吃，为了方便军士携带干粮，马氏想出了用小麦、冬瓜等一起磨成粉，做成了饼，分发给军士，不但方便携带，而且还可以随时随地食用，对行军打仗起到了极大的帮助。后来人们就在这种饼的基础上更新方法，发现用糖冬瓜、小麦粉、糕粉、饴糖、芝麻等原料作馅做出来的饼非常好吃，甘香可口，这就是老婆饼的始祖。

中国各地都有老婆饼，在海南，老婆饼被视为一种特色面点。关于海南老婆饼，流传着这样一个故事："以前有一对恩爱但家庭贫穷的夫妇，由于老父病重，家中无钱医治，媳妇只好卖身进入地主家，挣钱给家翁治病。失去妻子的丈夫并没有气馁，研制出一种味道奇特的饼，最终以卖饼赚钱赎回妻子，重新过上了幸福的生活。"这种味道奇特的饼流传开后，便被人们称为老婆饼。

实训任务目标

(1) 了解老婆饼的相关知识。

(2) 掌握老婆饼面团和各种馅料的调制方法。

(3) 了解油酥面团的分类。

(4) 能够按照制作流程，在规定时间内完成老婆饼的制作。

知识技能准备

一、油酥面团

油酥根据其本身性质，分为层酥和单酥。层酥即两块面组成，一块水油皮，一块干油酥，用水油皮包上干油酥而成。单酥又叫硬酥，由油、糖、面粉、化学膨松剂等原料组成，具有酥性但没有层次。

二、油酥面团的分类

油酥面团大体分为水油皮面团和干油酥面团。水油皮面团是面粉加油和水调制而成的面

团；干油酥面团是面粉和油拌匀擦制而成的面团。水油皮面团具体制法是先将面粉倒入案板或盆中，中间扒个坑，加水和油，用手搅动水和油带动部分面粉，达到水油溶解后，再拌入整个面粉调制，要反复揉搓，盖上湿布静置 15 分钟后，再次揉透待用。干油酥面团的具体制法是先把面粉放在案板上或盆中，中间扒个坑，把油倒入搅拌均匀，反复擦匀擦透即可使用。

制作老婆饼

一、面点制作

填写面点制作工作页。

<table>
<tr><td>实训产品</td><td>老婆饼</td><td>实训地点</td><td>面点厨房</td></tr>
<tr><td>工作岗位</td><td colspan="3">面点制作</td></tr>
<tr><td>操作步骤</td><td colspan="3">❶ 备料
（1）水油皮面团：中筋面粉 300 g、糖粉 30 g、水 120 g、猪油 80 g。
（2）干油酥面团：低筋面粉 210 g、猪油 110 g。
（3）馅料：熟花生仁 500 g、熟芝麻 200 g、冬瓜糖 50 g、冰肉 100 g、桔饼 25 g、食盐 2 g、五香粉 3 g、葱花 50 g、莲蓉 250 g。

❷ 操作步骤
（1）制作水油皮面团。在中筋面粉中加入糖粉、猪油、水，混合均匀。将面团揉至表面光滑，不黏手，盖上湿毛巾松弛 20 分钟，分成每个 22 g 的剂子。
（2）制作干油酥面团。将低筋面粉和猪油混均匀，反复擦透，分成每个 15 g 待用，并将馅料分成每个 30 g，备用。
 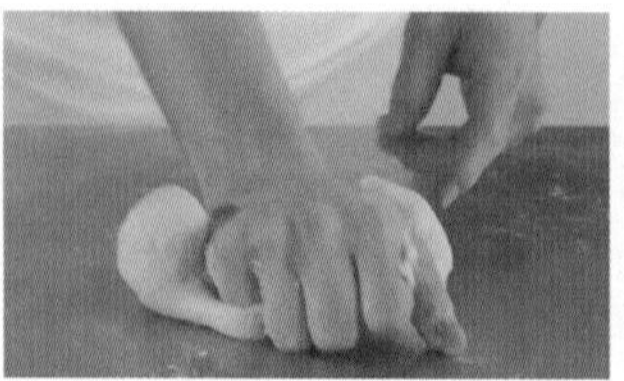 
（3）包酥：用水油面皮包住干油酥面团，用虎口收口，包好面团后，按扁，用擀面棍擀薄，卷起来，备用。把剩下的面皮用同样的方法做好，盖上湿毛巾，松弛 10 分钟。</td></tr>
</table>

续表

<table>
<tr><td>操作步骤</td><td>
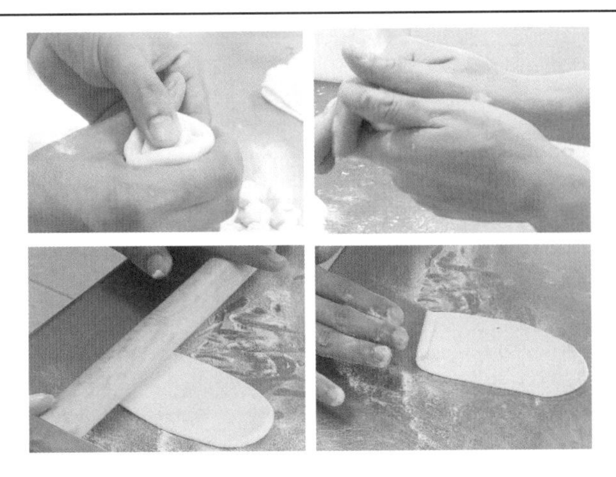

(4) 重复上述步骤再卷一次，盖好，松弛 10 分钟。

 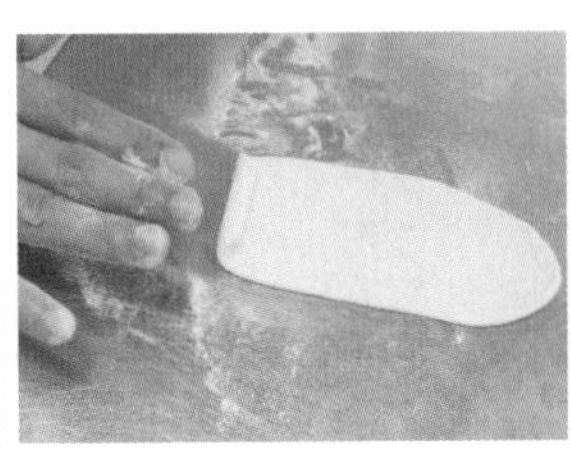

(5) 包馅。取一个卷好的油酥，用拇指按压中间，然后把两边往中间收，按扁，用擀面杖擀成适当大小，像包包子一样用手掌虎口收口团成圆形，按扁，然后擀成适当大小。

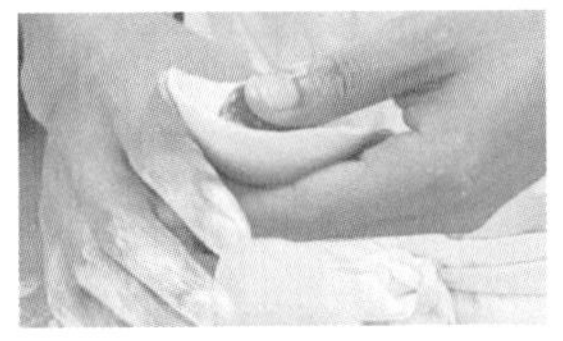 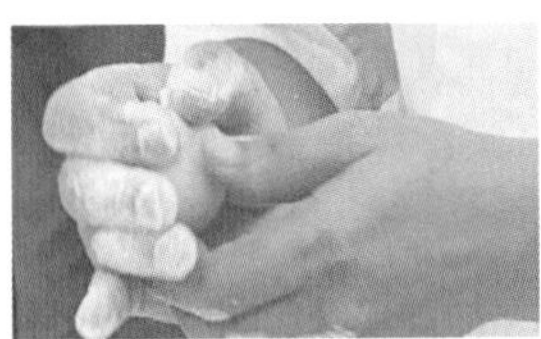 

(6) 成型。放入烤盘，用叉子在面上轻轻扎一些小孔，刷上蛋黄液。
(7) 成熟。烤箱 180 ℃预热 5 分钟，放入烤箱烘烤 15 分钟，烤至表面金黄即可取出。

❸ 技术要点
(1) 分好的面皮及时盖上湿毛巾，避免面皮变干变硬。
(2) 包酥时注意擀皮力度要轻，以免出现破酥
</td></tr>
<tr><td>面点成品</td><td></td></tr>
</table>

续表

完成情况	
反思改进	(1) 列出工艺关键： (2) 找出不足，提出改进措施：

二、收档及整理

填写收档工作页及自查表。

任务名称	各岗位工作任务要素	工 作 评 价			
收档工作记录	工具收档	规范		欠规范	
	案板收档	规范		欠规范	
	设备收档	规范		欠规范	
反思					

练习与思考

一、练习

(一) 选择题

1. 中筋面粉的蛋白质含量为(　　)。

A. 8%以下　　B. 12.5%～13.5%　　C. 13.5%　　D. 9.5%～12.0%

2. 采用立体造型工艺法能使木司产生较强的立体装饰效果，最常用的造型原料有巧克力片、(　　)、饼干、清蛋糕等。

A. 糖粉　　B. 起酥面团　　C. 马司板　　D. 面包片

(二) 判断题

(　　)1. 烤箱无须预热，需要用时直接打开即可。

(　　)2. 拌料盆、打蛋器、木板、搅拌及温控棒都属于搅拌用工具。

二、课后思考

制作老婆饼的关键点有哪些？

三、实践活动

以小组为单位，各自制作一份老婆饼，并互相讨论、评价。

制订实训任务工作方案

进入厨房工作准备

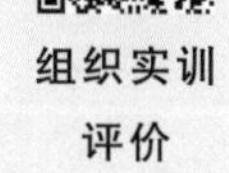
组织实训评价

任务二

莲蓉酥角

教学资源包

掌握包酥技巧，正确判断烘烤程度，完成莲蓉酥角的烤制。

莲蓉酥角是传统名点，由于是烤制的，所以它比其他面点较干，是用中筋面粉、白油制皮；用低筋面粉、白油作酥料；馅料为莲蓉。酥脆可口，椰香宜人，为点中名品。

实训任务目标

（1）了解莲蓉酥角的相关知识。

（2）掌握莲蓉酥角面团和馅料的调制方法。

（3）能够按照制作流程，在规定时间内完成莲蓉酥角的制作。

知识技能准备

一、起酥方法

起酥分为大包酥和小包酥两种。大包酥的制作方法是把酥面包入皮面内，包好后用手按扁，用擀面杖或通心锤将面团向四周擀开、擀薄，切去两头，然后将酥皮折叠成三层，再擀开、擀薄，由外向内卷起成筒状，按成品要求切成面剂；小包酥的制作方法是将皮面和心面分别下成面剂，取心面包入皮面内，其余做法与大包酥相同。大包酥适合大量制作和批量生产，对酥层的要求不高。小包酥制作速度慢，酥层清晰美观，适合制作花色品种。

二、酥层的表现形式

用大包酥和小包酥的方法起酥后，经不同的切法，不同的制作方法，可形成不同的坯皮。常见的有明酥、暗酥、半暗酥三种。凡是酥层能明显呈现于外的酥制品称为明酥，包括直酥和圆酥两种，起酥切剂后刀切面向上，成型后制品的酥层外露；凡是在制品表面看不见酥层的酥皮类制品的酥制品称为暗酥，切剂后刀切面向左右，成型后在制品的表面看不到酥层；凡是部分酥层外露的酥制品称为半暗酥。

制作莲蓉酥角

一、面点制作

填写面点制作工作页。

<table>
<tr><td>实训产品</td><td>莲蓉酥角</td><td>实训地点</td><td>面点厨房</td></tr>
<tr><td>工作岗位</td><td colspan="3">面点制作</td></tr>
<tr><td>操作步骤</td><td colspan="3">

❶ 备料

(1) 水油皮面团：中筋面粉 300 g、白糖 30 g、水 120 g、猪油 60 g。

(2) 干油酥面团：低筋面粉 210 g、猪油 110 g。

(3) 馅料：莲蓉馅 1000 g。

 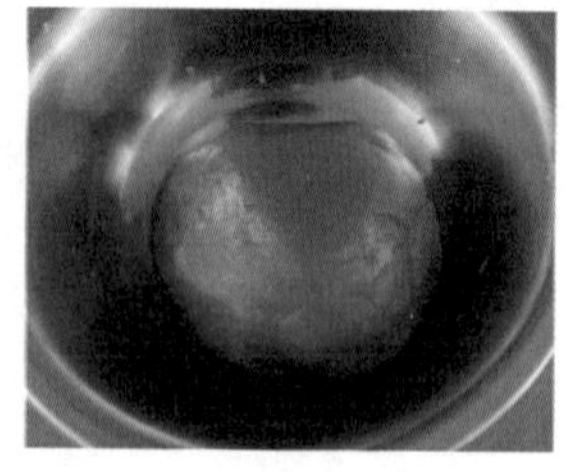

❷ 操作步骤

(1) 中筋面粉过筛开窝，中间放入猪油、白糖，加水揉至水油混合均匀；再将面皮揉至有筋性、光滑，静置 10 分钟。

(2) 低筋面粉过筛，与猪油叠拌成团，搓擦均匀。

  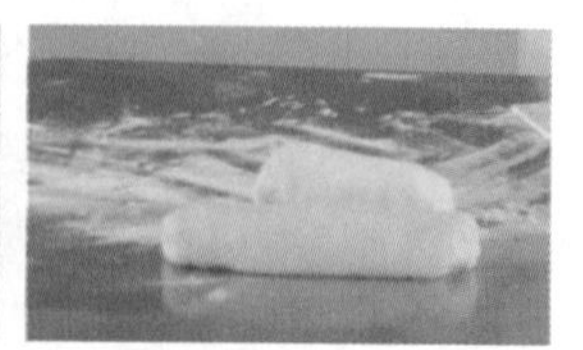

(3) 油皮包入干油酥，擀成长方形的薄片，对叠呈“3”字形，然后擀成长方形的薄片，再对叠呈“4”字形，最后擀薄。

(4) 包馅。取一个卷好的油酥，用拇指按压中间，然后把两边往中间收，按扁，擀成适当大小，像包包子一样用手掌虎口收口团成圆形，按扁，然后再擀成适当大小。

</td></tr>
</table>

续表

<table>
<tr><td>操作步骤</td><td>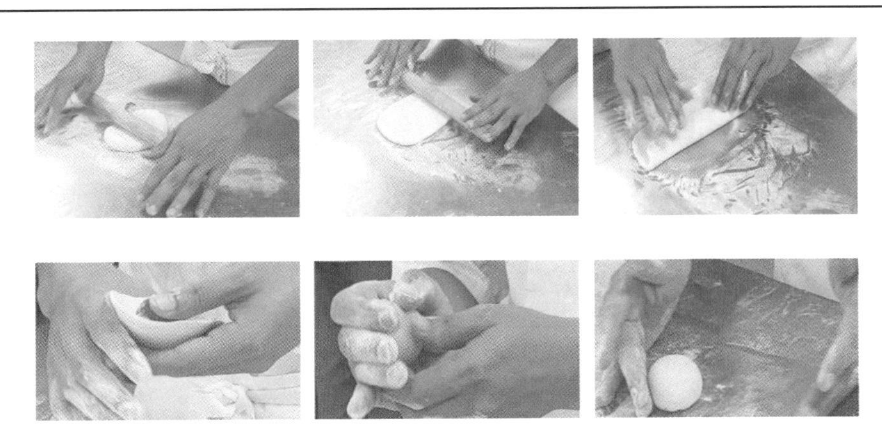
（5）成型。用 7 cm 的圆印模压出面皮，用小擀面杖擀薄。在面皮上包入馅料，对折捏成月牙形，锁上花边。摆在烤盘中，表层刷蛋黄液。

（6）成熟。上火 180 ℃，下火 165 ℃，烘烤。

❸ 技术要点
（1）水油皮面团一定要揉出筋性，醒发 10 分钟以上，软硬度与干油酥面团一致。
（2）面团要求搓擦均匀，不能有面粒</td></tr>
<tr><td>面点成品</td><td></td></tr>
</table>

续表

完成情况	
反思改进	（1）列出工艺关键： （2）找出不足，提出改进措施：

二、收档及整理

填写收档工作页及自查表。

任务名称	各岗位工作任务要素	工作评价			
收档工作记录	工具收档	规范		欠规范	
	案板收档	规范		欠规范	
	设备收档	规范		欠规范	
反思					

练习与思考

制订实训任务工作方案

进入厨房工作准备

组织实训评价

一、练习

（一）选择题

1. 莲蓉馅的主要原料是（　　）。

A. 莲子　　B. 黄大豆　　C. 红豆　　D. 绿豆

2. 猪身上不同部位的脂肪有不同名称，其中内脏外面成片成块的油脂叫（　　），一般加工后作为工业用油做糕点等。

A. 油渣　　B. 皮油　　C. 肥油　　D. 板油

（二）判断题

（　　）1. 开酥时油酥要漏出来才会有层次感。

（　　）2. 在制作油酥时，应以搓擦的方式为主要手法。

二、课后思考

制作莲蓉酥角的关键点有哪些？

三、实践活动

以小组为单位，各自制作一份莲蓉酥角，并互相讨论、评价。

任务三

海南椰子挞

掌握开酥技巧，正确判断酥皮层次，完成海南椰子挞的烤制。

海南椰子挞是海南人仿照蛋挞的做法做出来的当地特色面点，其形为圆形，外面的脆皮和蛋挞一样，而其中的馅心由椰丝加少许蛋粉烘焙而成，入口椰味浓郁，是海南人民老爸茶店不可或缺的茶点之一。

(1) 了解海南椰子挞的相关知识。

(2) 掌握海南椰子挞面团和馅料的调制方法。

(3) 能够按照制作流程，在规定时间内完成海南椰子挞的制作。

知识技能准备

一、椰浆的制作

1. 椰子的分级 一级椰子用于食品加工；二级椰子只用于榨油。

2. 去壳和去皮 椰壳活性炭是较好的活性炭，它的吸附表面积比竹炭高数倍；黑皮可用于制得椰油和精饲料。

3. 研磨和榨浆 将椰子肉磨碎后直接烘干就成了全脂椰蓉；磨碎后再进行压榨处理得到的液体就是椰浆，压榨后的椰子肉烘干就是低脂椰蓉。

二、椰丝的制作

将椰子肉取出切成小块，放入料理机打成丝，打好倒出来，用手抓匀，除去未搅打均匀的椰块，然后倒入适量的白糖，用手搅拌均匀即可，再放入烤箱烘烤即可。

制作海南椰子挞

一、面点制作

填写面点制作工作页。

<table>
<tr><td>实训产品</td><td>海南椰子挞</td><td>实训地点</td><td>面点厨房</td></tr>
<tr><td>工作岗位</td><td colspan="3">面点制作</td></tr>
<tr><td>
</td><td colspan="3">

❶ **备料**

（1）水油皮面团：中筋面粉 200 g、猪油 80 g、白糖 20 g、水 100 g。

（2）干油酥面团：低筋面粉 160 g、黄油（起酥油）170 g。

（3）椰子挞液用料：牛奶 300 g、黄油 100 g、蛋黄 3 个、椰蓉 150 g、白糖 250 g、泡打粉 5 g、奶粉 100 g、面粉 80 g。

❷ **操作步骤**

（1）制作水油皮面团和干油酥面团：将中筋面粉开窝，加入猪油、白糖、适量水调成水油皮面团，盖上湿布醒发 15 分钟。将低筋面粉和黄油（起酥油）覆叠均匀，来回搓擦成干油酥面团。

（2）将水油皮包入干油酥擀成 20 cm×32 cm 的长方形面片。

（3）用擀面杖从中间往两边擀，保持长方形的形态，折一次四折。

（4）松弛后，重复第 3 步，至此一共完成 2 次四折。松弛后进行最后擀开，将面片擀成 20 cm×57 cm 的长方形面片。

（5）用圆形模具压出剂子，将剂子压入蛋挞模具内。

（6）制作椰子挞液：将黄油和白糖、牛奶加热至溶化，再加入蛋黄，搅拌均匀。最后加入所有料拌均匀。

</td></tr>
</table>

续表

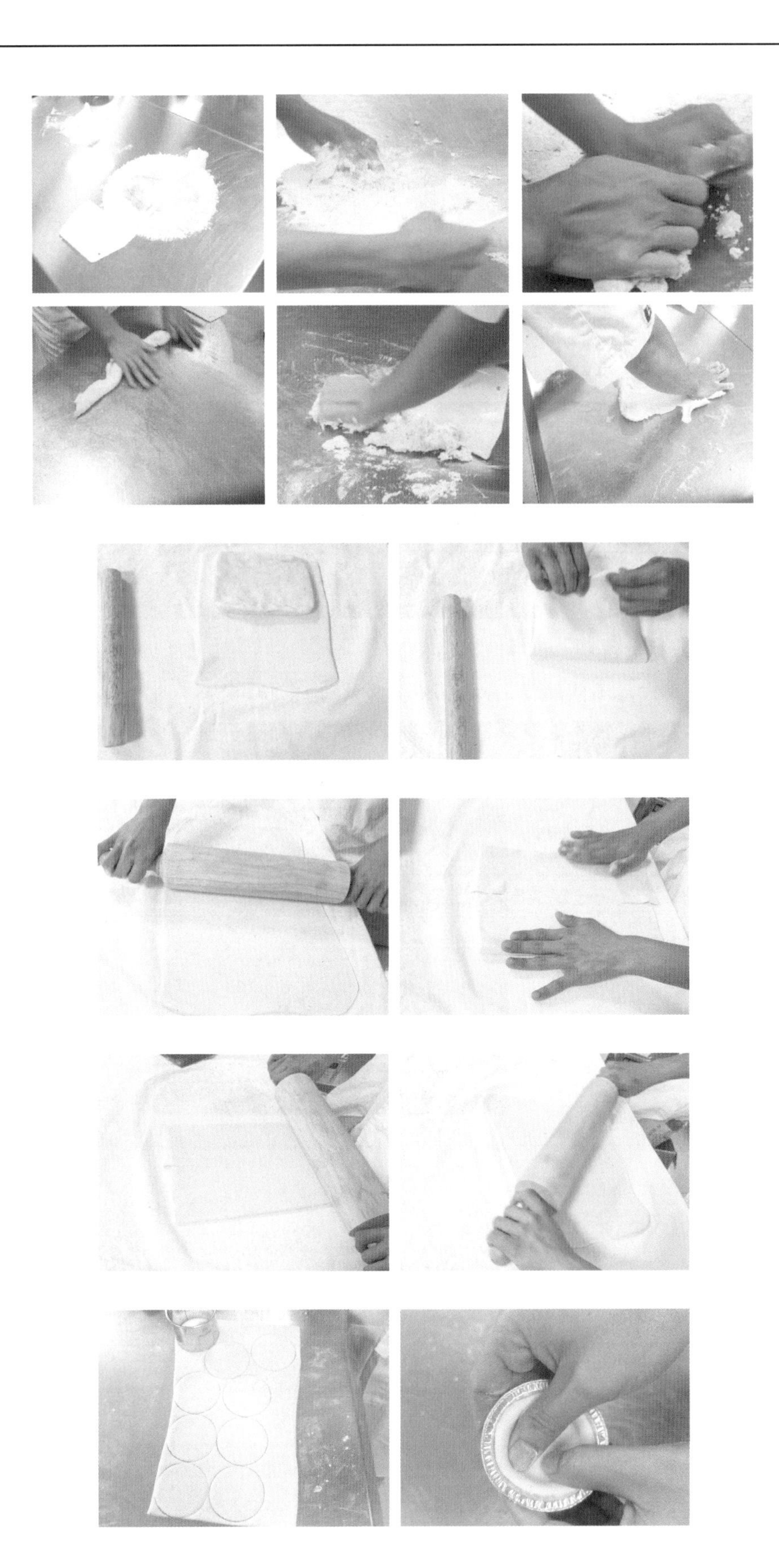

操作步骤

续表

<table>
<tr><td>操作步骤</td><td>
（7）成型成熟。烤箱提前预热至 180 ℃，将椰子挞液倒入酥皮中（八分满），装入烤盘。上火 180 ℃，下火 160 ℃，烤约 25 分钟至表面凝固上色即可。
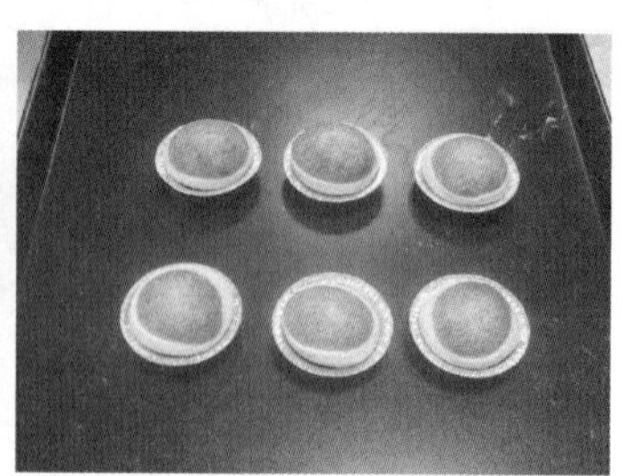
❸ 技术要点
（1）半成品不能静置，否则酥皮会吸水分，影响口感。
（2）椰子挞液不能有气泡，可以用干净的网筛过一遍，消除气泡</td></tr>
<tr><td>面点成品</td><td></td></tr>
<tr><td>完成情况</td><td></td></tr>
<tr><td>反思改进</td><td>（1）列出工艺关键：
（2）找出不足，提出改进措施：</td></tr>
</table>

二、收档及整理

填写收档工作页及自查表。

<table>
<tr><td>任务名称</td><td>各岗位工作任务要素</td><td colspan="4">工 作 评 价</td></tr>
<tr><td rowspan="3">收档工作记录</td><td>工具收档</td><td>规范</td><td></td><td>欠规范</td><td></td></tr>
<tr><td>案板收档</td><td>规范</td><td></td><td>欠规范</td><td></td></tr>
<tr><td>设备收档</td><td>规范</td><td></td><td>欠规范</td><td></td></tr>
<tr><td>反思</td><td colspan="5"></td></tr>
</table>

练习与思考

一、练习

（一）选择题

1. 在中国，椰子的产地主要有(　　)、广东、广西、福建、云南、台湾等地区。

A. 甘肃　　B. 北京　　C. 新疆　　D. 海南

2. 椰子挞的焦面是由于糖的焦糖化反应，以及氨基酸与还原糖的(　　)形成。

A. 蝴蝶效应　　B. 还原铁反应　　C. 美拉德反应　　D. 水油分离

（二）判断题

(　　)1. 椰浆就是椰子水，椰子水就是椰浆。

(　　)2. 含钙丰富的食物除牛奶和豆制品外，还有虾米、紫菜和海带。

二、课后思考

制作海南椰子挞的关键点有哪些？

三、实践活动

以小组为单位，各自制作一份海南椰子挞，并互相讨论、评价。

制订实训任务工作方案

进入厨房工作准备

组织实训评价

任务四

甘露酥

教学资源包

掌握制作油酥技巧，正确判断包酥状态，完成甘露酥的烤制。

甘露酥的由来

历史上的长安曾是周、秦、汉、隋、唐等13个王朝建都之地，也是“丝绸之路”的起点。甘露酥也是那时非常具有代表性的甜品。追溯到它的历史，据说跟刘备娶妻一事有关：东汉末年三国争霸时期，孙权想取回荆州，周瑜献计“假招亲扣人质”。诸葛亮识破，安排赵云陪伴前往，先拜会周瑜的岳父乔公，诸葛亮命人到甘露寺预订了几千斤甘露酥，令赵子龙沿途派发给老百姓，并说，刘备要做江东的女婿。后来孙权不得不将孙尚香嫁给刘备。这就是历史上有名的赔了夫人又折兵的故事。

实训任务目标

（1）了解甘露酥的相关知识。

（2）掌握甘露酥面团和馅料的调制方法。

（3）能够按照制作流程，在规定时间内完成甘露酥的制作。

知识技能准备

一、莲蓉馅介绍

始创于1889年的莲香楼，早在清朝光绪年间便以做糕点起家。制饼的老师傅陈维清从莲子糖水中偶得灵感，想到将莲子做成莲蓉馅料制成糕点，于是出现了广式以莲蓉为馅心的各种点心。宣统二年，陈如岳翰林大学士品尝了连香楼的点心后，对莲蓉大加赞赏，遂提议在“连”字上加个草字头，将“连”改为“莲”。自此，“莲香楼”这一招牌沿用至今。莲子选用不超过1年的湖南湘潭莲子，因为湘潭莲子个大饱满、莲味清香，做出来的莲蓉胶性、黏度和透明度等上乘。所谓的白莲蓉，即将莲子去“衣”后做成的莲蓉。而普通莲蓉则为红莲蓉，颜色赤红的莲子衣，略带涩味，若洗褪得不干净，将大大影响成品的色、香、味。当年，莲香楼的老师傅研制出用枧水去莲子皮的工艺，使莲蓉既能保持莲子的清香且无涩味。

二、莲蓉馅的制作方法

莲子提前用冷水浸泡4小时以上，时间越长越容易煮烂；泡涨的莲子剥开取出中间的绿芯。

把莲子放入锅中，加入和莲子等量的水，用电压力锅煮至莲子软烂。待莲子稍稍冷却，放入搅拌机加少许水一起搅打成蓉泥状。将炒锅烧热，倒入莲子蓉，小火慢慢加热让水分蒸发；分 3 次加入植物油，小火慢慢炒匀，每次都要待油分完全吸收再加。然后加入白糖，继续小火不停地翻炒，以防烧焦锅底。最后炒到莲蓉中的水分完全蒸发，莲蓉变得油亮成团即可。

制作甘露酥

一、面点制作

填写面点制作工作页。

<table>
<tr><td>实训产品</td><td>甘露酥</td><td>实训地点</td><td>面点厨房</td></tr>
<tr><td>工作岗位</td><td colspan="3">面点制作</td></tr>
<tr><td>操作步骤</td><td colspan="3">❶ 备料
(1) 皮料：面粉 500 g、白糖 275 g、臭粉 2 g、泡打粉 10 g、鸡蛋 2 个、猪油 250 g。
(2) 馅料：莲蓉馅 550 g。
(3) 辅料：鸡蛋 1 个。

❷ 操作步骤
(1) 粉料开窝，在窝里放入白糖、猪油，鸡蛋，混合搓擦至白糖八成溶化。再拌入粉料，采用覆叠法和成面团，后将面团静置 10 分钟。

(2) 包馅。面团搓条下剂，剂子 50 克/个，按扁剂子，包入 25 g 莲蓉馅。捏紧收口后搓成圆形。
(3) 成型。烤箱提前预热上火 180 ℃，下火 160 ℃。将甘露酥半成品均匀摆放于烤盘中，表面刷上鸡蛋液。
(4) 成熟。放入烤箱烘烤约 30 分钟，至表面金黄色即可。</td></tr>
</table>

续表

操作步骤	    ❸ **技术要点** （1）和面时须采用覆叠法，这样面团才不起面筋。 （2）白糖搓揉至八成溶化即可
面点成品	
完成情况	
反思改进	（1）列出工艺关键： （2）找出不足，提出改进措施：

二、收档及整理

填写收档工作页及自查表。

任务名称	各岗位工作任务要素	工作评价			
收档工作记录	工具收档	规范		欠规范	
	案板收档	规范		欠规范	
	设备收档	规范		欠规范	

续表

反思	

练习与思考

一、练习

(一) 选择题

1. 白糖是由甘蔗和(　　)榨出的糖蜜制成的精糖。白糖色白，干净，甜度高。

A. 甜菜　　B. 椰子　　C. 木瓜　　D. 番薯

2. 面粉的质量对发酵面坯的影响主要表现在(　　)的产气性和蛋白质的持气性两方面。

A. 脂肪　　B. 淀粉　　C. 矿物质　　D. 维生素

(二) 判断题

(　　)1. 制作甘露酥时，和面采用覆叠法是为了防止面团起筋。

(　　)2. 混酥类面点面团无层次，但具有酥松性。

二、课后思考

制作甘露酥的关键点有哪些？

三、实践活动

以小组为单位，各自制作一份甘露酥，并互相讨论、评价。

制订实训任务工作方案

进入厨房工作准备

组织实训评价

任务五

圆酥

教学资源包

明确实训任务

掌握制作油酥技巧，正确判断包酥状态，完成圆酥的炸制。

实训任务导入

认识咸鸭蛋

咸鸭蛋是以新鲜鸭蛋为主要原料经过腌制而成的再制蛋，其营养丰富，富含脂肪，蛋白质及人体所需的各种氨基酸，钙、磷、铁、各种微量元素，维生素等，易被人体吸收，咸味适中，老少皆宜。蛋壳呈青色，外观圆润光滑，又叫“青蛋”。咸鸭蛋是一种风味特殊、食用方便的再制蛋，咸鸭蛋是佐餐佳品，色、香、味均十分诱人。

实训任务目标

（1）了解圆酥的相关知识。

（2）掌握圆酥面团和馅料的调制方法。

（3）能够按照制作流程，在规定时间内完成圆酥的制作。

知识技能准备

制作红豆沙

取 250 g 红豆提前一天泡水。第二天加入锅中，加水煮沸，断电焖 10 分钟。再次煮开后断电焖制，再重复操作一次。红豆开花后，加入 130 g 冰糖，糖化开后用勺子把红豆压成泥，煮至适宜的黏稠度即可。

制作圆酥

一、面点制作

填写面点制作工作页。

实训产品	圆酥	实训地点	面点厨房
工作岗位	面点制作		

操作步骤

❶ 备料

（1）水油皮面团：中筋面粉 300 g、白糖 15 g、猪油 90 g、水 100 g。

（2）干油酥面团：中筋面粉 200 g、猪油 110 g。

（3）馅料：红豆沙馅 300 g、咸鸭蛋黄。

❷ 操作步骤

（1）在咸蛋黄上喷白酒，放烤箱烘烤，上下火 170 ℃，10 分钟后拿出。

（2）制作水油皮面团：将中筋面粉、白糖、猪油、水混合，揉出厚膜面团。拿出面团包上保鲜膜，醒发 30 分钟。

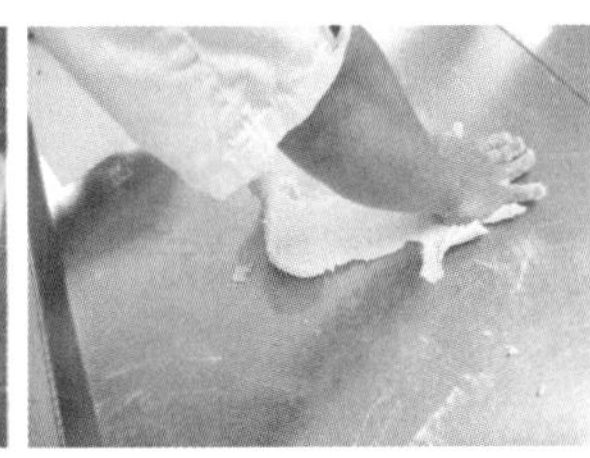

（3）制作干油酥面团：低筋面粉加入猪油，搓擦均匀后成团，裹上保鲜膜放入冰箱冷藏。

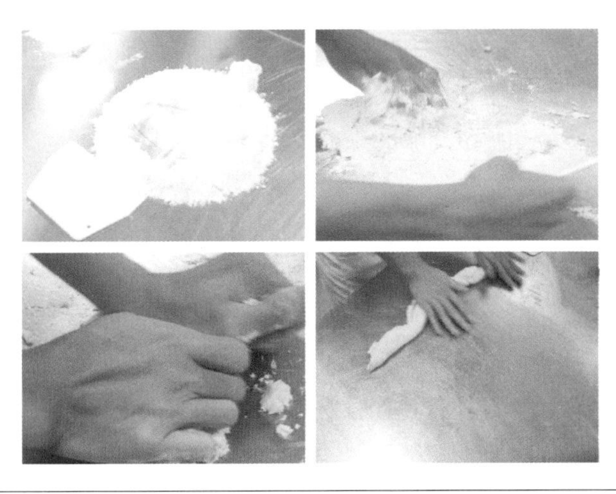

续表

操作步骤	(4) 将红豆沙馅分成每个 20 g 的小份,将咸鸭蛋黄包住。将水油皮面团分成每个 80 g 的剂子,干油酥面团分成每个 50 g 的剂子。将水油皮盖上保鲜膜,再盖上湿毛巾。 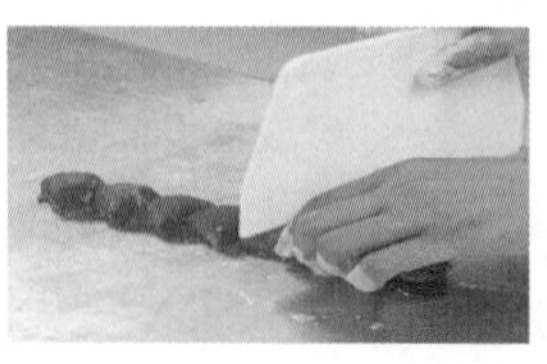   (5) 将水油皮按扁后,放上干油酥,虎口收口,捏紧。醒发 10 分钟。 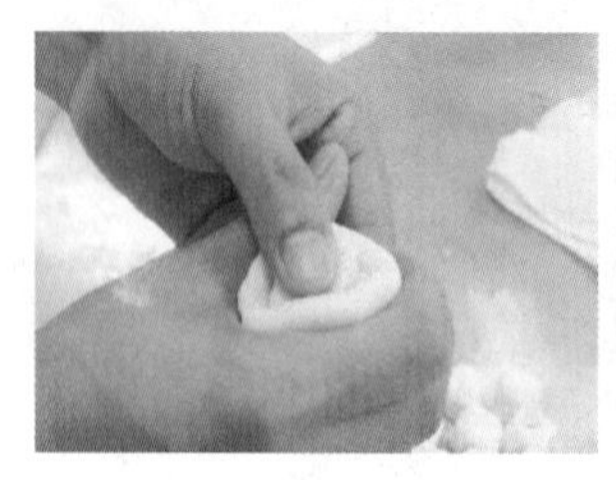 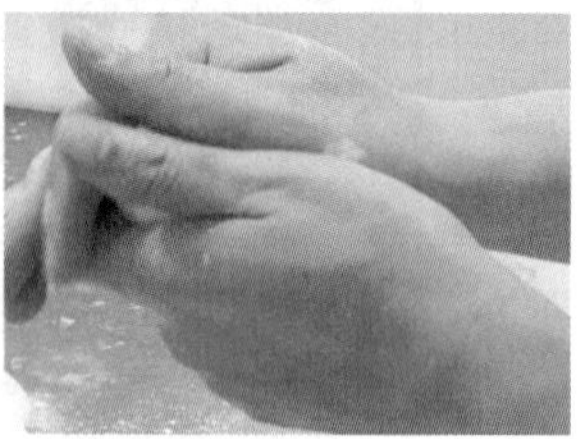 (6) 开酥:将包好油酥的面团,从中间往两边擀开成长方形,折成三折。  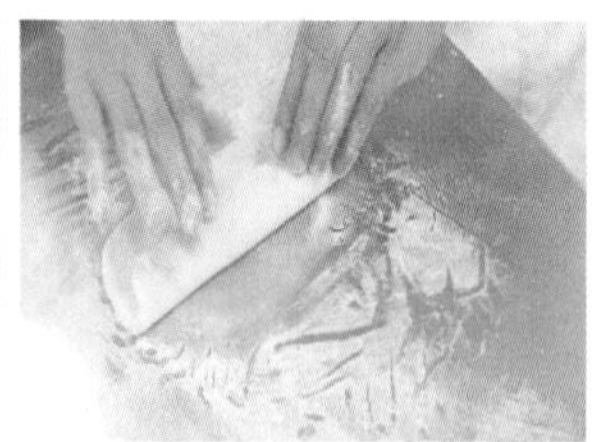 (7) 再擀长。 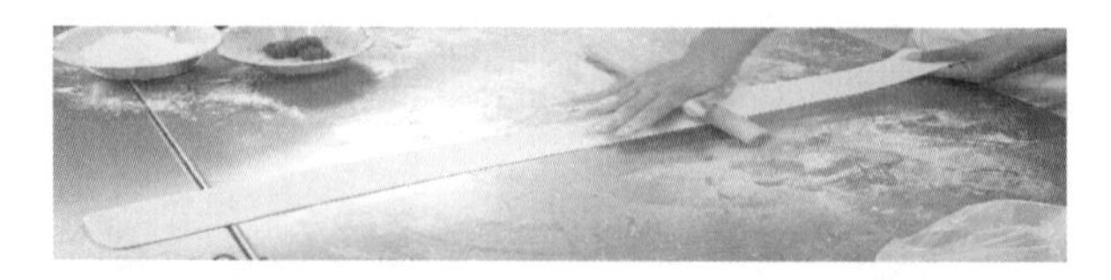 (8) 将一边用刀切平,卷起。   (9) 用刀对等切成 5 个剂子,将剂子擀开。    (10) 成型:用擀面杖将其擀成中间厚、四周薄的面皮。包上豆沙馅,将馅朝下,皮朝上,将面皮包紧,虎口收口。

续表

操作步骤	 (11) 成熟。油温 180 ℃,炸至米黄色即可取出。   ❸ **技术要点** (1) 擀酥时应注意,避免漏酥,破坏层次。 (2) 及时盖上毛巾,保持面团状态。 (3) 咸鸭蛋黄需提前一晚处理好备用
面点成品	
完成情况	
反思改进	(1) 列出工艺关键: (2) 找出不足,提出改进措施:

二、收档及整理

填写收档工作页及自查表。

任务名称	各岗位工作任务要素	工作评价			
收档工作记录	工具收档	规范		欠规范	
	案板收档	规范		欠规范	
	设备收档	规范		欠规范	
反思					

练习与思考

制订实训任务工作方案

进入厨房工作准备

组织实训评价

一、练习

(一)选择题

1. 下列对制作面点馅心的共同要求叙述错误的是馅心颗粒(　　)。

A. 宜小不宜大　　B. 宜碎不宜整　　C. 宜粗不宜细　　D. 越细碎越好

2. 咸蛋黄的原料主要是(　　)。

A. 鸭蛋黄　　B. 鸡蛋黄　　C. 鹅蛋黄　　D. 鹌鹑蛋黄

(二)判断题

(　　)1. 黄油、奶油、植物油中较适宜强化的营养素是维生素A。

(　　)2. 咸蛋黄喷白酒再烘烤,是为了让蛋黄更入味。

二、课后思考

制作圆酥的关键点有哪些?

三、实践活动

以小组为单位,各自制作一份圆酥,并互相讨论、评价。

任务六

琼式酥皮莲蓉月饼

明确实训任务

掌握制作油酥技巧，正确判断包酥状态，完成琼式酥皮莲蓉月饼的烤制。

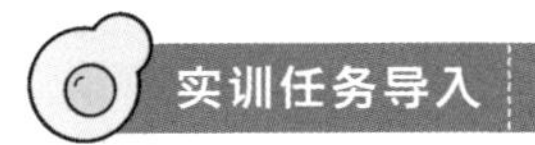

实训任务导入

琼式酥皮月饼的由来

在海南本地有这么一句话：苏点南来生琼月。说的就是一名海口面点师为迎合海南当地的饮食习惯，将苏式月饼中的油酥和糖浆皮创新制成了流传至今的琼式月饼。

史料记载，海南岛从明清时期开始有大量移民到来，这当中不排除有江南名厨因各种原因入琼。明代中叶，海口作为全国经济繁荣、交通发达、商贾云集的兴盛之地，苏式传统食品已经十分有名，出现了一批名店、名厨，海口的名厨还纷纷到外地开店传艺。

1940 年代，海口的蔡全记、冠全珍等饼家生产的琼式月饼，已声名远扬。1978 年改革开放初期，海口红星食品厂将其生产的月饼送去参评。因这种月饼产自海南，所以冠名琼式月饼，并誉其为“南国珍品”。

实训任务目标

（1）了解琼式酥皮莲蓉月饼的相关知识。

（2）掌握琼式酥皮莲蓉月饼面团和馅料的调制方法。

（3）能够按照制作流程，在规定时间内完成琼式酥皮莲蓉月饼的制作。

知识技能准备

莲蓉月饼是中国传统糕点之一，是中秋节各式月饼中较著名的月饼，具有配料考究、皮薄馅多、味美可口、不易破碎、便于携带等特点。

全国各地的莲蓉月饼各有不同的做法，总体来说，都是将各种果仁炒熟后加入配料，包入饼皮中，用模具压出花纹后烤熟即可。

制作琼式酥皮莲蓉月饼

一、面点制作

填写面点制作工作页。

实训产品	琼式酥皮莲蓉月饼	实训地点	面点厨房
工作岗位	面点制作		

操作步骤

❶ 备料

（1）糖浆皮：低筋面粉 400 g、高筋面粉 100 g、转化糖浆 350 g、枧水 4 g、花生油 140 g。

（2）干油酥：低筋面粉 500 g、猪油 250 g。

（3）馅料：莲蓉馅 800 g。

❷ 操作步骤

（1）制作糖浆皮。先将低筋面粉过筛、开窝，将糖浆、枧水、花生油放入面粉窝中搅拌均匀，再将高筋面粉混入搅拌均匀。成团后用保鲜膜裹住，松弛 1 小时。

（2）制作干油酥。500 g 低筋面粉加入 250 g 猪油，充分搅拌、擦搓均匀后，用保鲜膜包起松弛。

（3）将糖浆皮分成 45 克/个的剂子，干油酥分成 25 克/个的剂子，莲蓉馅分成 55 克/个的小份。

（4）成型。先将糖浆皮压扁擀圆后，放上一块干油酥，包实。然后按扁，对折一次，再对折一次，再次按扁。放入莲蓉馅，用虎口收紧。外面滚一层干面粉，放入模具中成型。

续表

操作步骤	   （5）成熟。烤盘铺油纸，将月饼放入烤盘，面上均匀喷水。放入烤箱（提前预热），上火 200 ℃，下火 180 ℃烤制 10 分钟后拿出，月饼面均匀刷上蛋液。再烤 12～15 分钟，表面变金黄色即可。   **❸ 技术要点** （1）包酥、包馅必须包实，不可有缺口，不可露馅。 （2）压模前裹一层干粉，防止与模具粘连
面点成品	
完成情况	
反思改进	（1）列出工艺关键： （2）找出不足，提出改进措施：

二、收档及整理

填写收档工作页及自查表。

任务名称	各岗位工作任务要素	工作评价			
收档工作记录	工具收档	规范		欠规范	
	案板收档	规范		欠规范	
	设备收档	规范		欠规范	

续表

反思	

制订实训任务工作方案

进入厨房工作准备

组织实训评价

一、练习

(一) 选择题

1. 琼式月饼的制作过程中，月饼从刚烤制好到(　　)之间，月饼皮含油量逐渐增加，这样一个过程叫做回油。

A. 保质期　　B. 最佳保质期　　C. 上市期　　D. 最佳食用期

2. 下列情况中会引起食物中毒的是(　　)。

A. 酗酒　　B. 吃刚做好的月饼　　C. 喝未煮熟的豆浆　　D. 喝农药

(二) 判断题

(　　)1. 用含有碳酸钾的枧水制作的月饼，饼皮既呈深红色，又鲜艳光亮，与众不同，催人食欲。因此我们应该多加点枧水。

(　　)2. 食盐的营养强化剂是碘。

二、课后思考

制作琼式酥皮莲蓉月饼的关键点有哪些？

三、实践活动

以小组为单位，各自制作一份琼式酥皮莲蓉月饼，并互相讨论、评价。

任务七

琼式酥皮椰皇月饼

明确实训任务

教学资源包

掌握制作油酥技巧，正确判断包酥状态，完成琼式酥皮椰皇月饼的烤制。

实训任务导入

琼式酥皮椰皇月饼的制作工艺

琼式酥皮椰皇月饼的制作工艺精细，注重选料与配方，主要原料包括优质糯米、糖、椰蓉、冬瓜糖、芝麻等，经过多道工序精心制作而成。其中，最关键的是饼皮的制作，需要将糯米磨成细粉，再加入适量的水和糖搅拌成面团，经过反复揉捏和发酵，使得饼皮既柔软又富有弹性。

实训任务目标

（1）了解琼式酥皮椰皇月饼的相关知识。

（2）掌握琼式酥皮椰皇月饼面团和馅料的调制方法。

（3）能够按照制作流程，在规定时间内完成琼式酥皮椰皇月饼的制作。

知识技能准备

椰皇馅制作方法

（1）原料：鸡蛋 2 个、黄油 100 g、奶粉 50 g、澄粉 40 g、低筋面粉 70 g、白糖 90 g、椰丝 70 g、淡奶油适量。

（2）制作步骤。

①黄油室温放软打发；加入鸡蛋、白糖、奶粉拌匀。

②加入适量淡奶油拌匀成稀糊状，加入椰丝，然后将低筋面粉过筛加入。

③拌匀上蒸笼蒸 30 分钟左右，中间隔 10 分钟拿出来搅拌一次。

④放凉即可使用。

制作琼式酥皮椰皇月饼

一、面点制作

填写面点制作工作页。

Note

<table>
<tr><td>实训产品</td><td>琼式酥皮椰皇月饼</td><td>实训地点</td><td>面点厨房</td></tr>
<tr><td>工作岗位</td><td colspan="3">面点制作</td></tr>
<tr><td>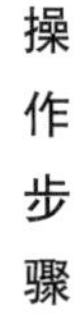
操作步骤</td><td colspan="3">
❶ 备料
（1）糖浆皮：低筋面粉 400 g、高筋面粉 100 g、转化糖浆 350 g、枧水 4 g、花生油 140 g。
（2）干油酥：低筋面粉 500 g、猪油 250 g。
（3）馅料：椰皇馅 500 g。
❷ 操作步骤
（1）制作糖浆皮。先将糖浆、枧水、花生油放入盆中搅拌均匀。低筋面粉过筛，在盆中倒入 350 g 糖浆，用刮刀翻拌均匀。成团后用保鲜膜裹住，松弛 1 小时。

（2）制作干油酥。500 g 低筋面粉加入 250 g 猪油，充分搅拌、擦搓均匀后，用保鲜膜包好松弛。

（3）将糖浆皮分成 35 克/个的剂子，油酥分成 15 克/个的剂子，椰皇馅分成 50 克/个的小份。
（4）成型。先将糖浆皮压扁擀圆后，放上一块干油酥，包实。然后按扁，对折一次，再对折一次，再次按扁。放入椰皇馅，用虎口收紧。外面滚一层干面粉，放入模具中成型。

（5）成熟。烤盘铺油纸，将月饼放入烤盘，面上均匀喷水。放入烤箱（提前预热），上下火 180 ℃烤制 5 分钟后拿出，月饼面均匀刷上蛋液。再烤 12～15 分钟，表面变金黄色即可。
</td></tr>
</table>

续表

<table>
<tr><td>操作步骤</td><td> 
❸ **技术要点**
(1) 包酥、包馅必须包实，不可有缺口，不可露馅。
(2) 压模前裹一层干粉，防止与模具粘连</td></tr>
<tr><td>面点成品</td><td></td></tr>
<tr><td>完成情况</td><td></td></tr>
<tr><td>反思改进</td><td>(1) 列出工艺关键：

(2) 找出不足，提出改进措施：</td></tr>
</table>

二、收档及整理

填写收档工作页及自查表。

任务名称	各岗位工作任务要素	工 作 评 价			
收档工作记录	工具收档	规范		欠规范	
	案板收档	规范		欠规范	
	设备收档	规范		欠规范	
反思					

制订实训任务工作方案

进入厨房工作准备

组织实训评价

一、练习

(一) 选择题

1. 转化糖浆是砂糖经加水和添加(　　),在一定条件下反应或加酸煮至一定的时间和合适温度冷却后而成。

A. 蔗糖酶　　B. 红糖　　C. 糖水　　D. 奶糖

2. 食盐在面点中的作用主要体现在哪些方面?(　　)

A. 调节口味、改进制品的色泽　　B. 增强面团的弹性和筋力

C. 调节发酵面团的发酵速度　　D. 以上都是

(二) 判断题

(　　)1. 营养强化剂遇光一般不会被破坏。

(　　)2. 椰子主产于中国广东南部诸岛及雷州半岛、海南、台湾及云南南部热带地区。

二、课后思考

制作琼式酥皮椰皇月饼的关键点有哪些?

三、实践活动

以小组为单位,各自制作一份琼式酥皮椰皇月饼,并互相讨论、评价。

任务八

菊花饼

教学资源包

明确实训任务

掌握制作油酥的技巧，正确判断包酥状态，完成菊花饼的烤制。

实训任务导入

因菊花有吉祥、长寿和超凡脱俗的寓意，人们做出了形似菊花的“菊花饼”面点，也因造型像一朵朵盛开的菊花而得名，象征着花开富贵、鸿运当头。

实训任务目标

(1) 了解菊花饼的相关知识。

(2) 掌握菊花饼面团和馅料的调制方法。

(3) 能够按照制作流程，在规定时间内完成菊花饼的制作。

知识技能准备

制作红豆沙

取 250 g 红豆提前一天泡水。第 2 天加入锅中，加水煮沸，断电焖 10 分钟。再次煮开后断电焖制，再重复操作一次。红豆开花后，加入 130 g 冰糖，糖化开后用勺子把红豆压成泥，煮至适宜的黏稠度即可。

制作菊花饼

一、面点制作

填写面点制作工作页。

实训产品	菊花饼	实训地点	面点厨房
工作岗位	面点制作		
操作步骤	❶ 备料 (1) 水油皮面团：中筋面粉 250 g、水 100 g、食盐 2 g、吉士粉 10 g、猪油 70 g。 (2) 干油酥面团：低筋面粉 200 g、猪油 100 g。 (3) 馅料：红豆沙馅 500 g。 (4) 配料：鸡蛋 2 个，白芝麻适量。		

续表

操作步骤

❷ 操作步骤

（1）将制作水油皮面团的所有材料混合在一起，揉成表面光滑的面团，静置 30 分钟。

（2）将制作干油酥面团的所有材料混合在一起，揉成表面光滑的面团，静置 30 分钟。

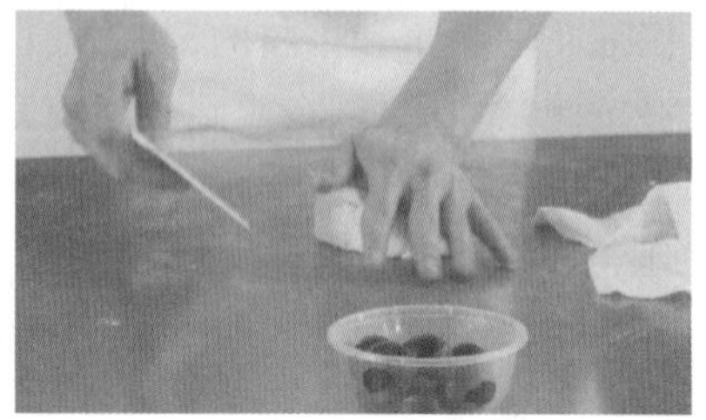

（3）将水油皮分成 35 克/个的剂子，干油酥分割成 25 克/个的剂子。用水油皮把干油酥包住，接口朝下静置 10 分钟。

（4）取一个小面团，擀成长方形面饼，将面饼由一头卷起。其他面团依次卷好，并静置 2 分钟。

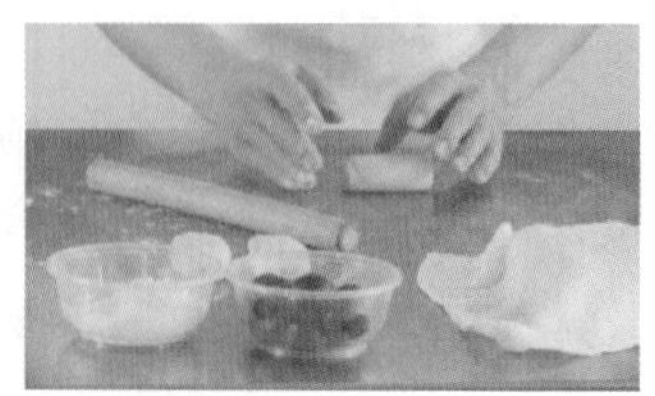

续表

<table>
<tr><td>操作步骤</td><td>（5）将面团依次按扁包入豆沙馅，收口。
（6）慢慢将面团压扁，用擀面杖的一端在面团中间轻轻压出圆印。
 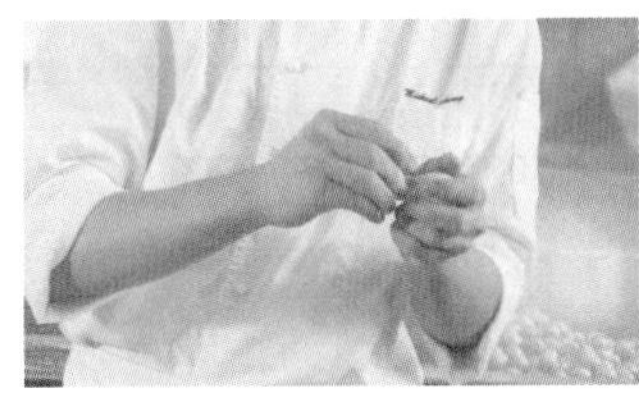 
（7）用刀沿着圆印将面团割开。再将每一瓣翻开，形成“花瓣”。
 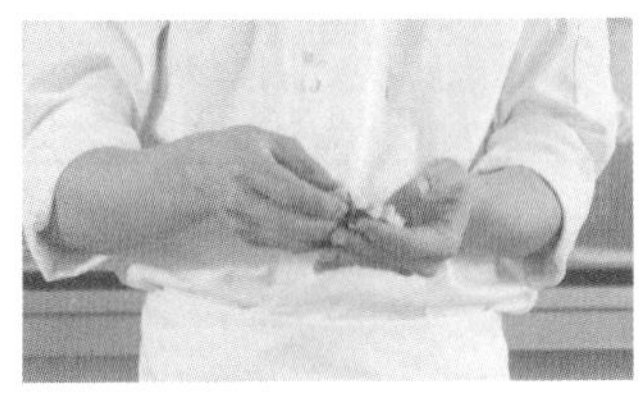 
（8）成型、成熟。将每个菊花饼用手调整好后，放入烤盘，在圆印上刷蛋黄液并撒上芝麻，烤箱上火 200 ℃，下火 190 ℃，烘烤 15 分钟左右。
❸ 技术要点
（1）包馅之后压扁面团时，动作要轻要慢，小心露馅。
（2）整理“花瓣”时要小心</td></tr>
<tr><td>面点成品</td><td>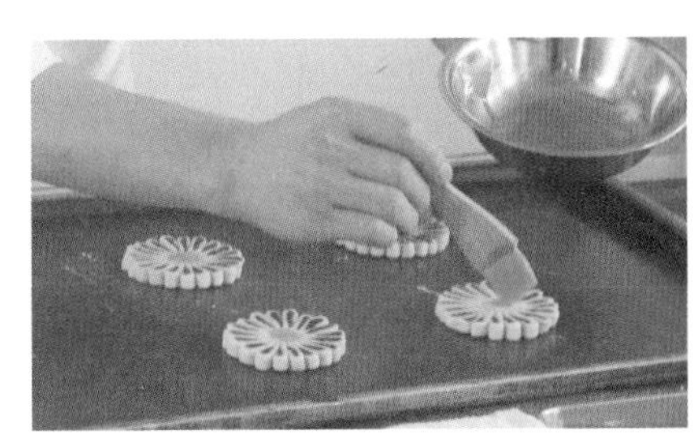 </td></tr>
<tr><td>完成情况</td><td></td></tr>
<tr><td>反思改进</td><td>（1）列出工艺关键：
（2）找出不足，提出改进措施：</td></tr>
</table>

二、收档及整理

填写收档工作页及自查表。

任务名称	各岗位工作任务要素	工 作 评 价			
收档工作记录	工具收档	规范		欠规范	
	案板收档	规范		欠规范	
	设备收档	规范		欠规范	
反思					

制订实训任务工作方案

进入厨房工作准备

组织实训评价

一、练习

（一）选择题

1. 下列不属于层酥面团的是（　　）。

A. 甘露酥　　B. 圆酥　　C. 直酥　　D. 擎酥

2. 红豆沙是东亚各国常见的糖水甜品之一，主要原料是红豆和糖。可以清热解毒、健脾益胃、利尿消肿、通气除烦，可治疗小便不利、（　　）、脚气等症。

A. 脾虚水肿　　B. 强化骨骼　　C. 提亮美白　　D. 修复关节

（二）判断题

（　　）1. 黄油、奶油、植物油中较适宜强化的营养素是维生素 C。

（　　）2. 芝麻有补血生津、润肠、延缓细胞衰老之效，可用于肾亏虚引起的头晕眼花、须发早白等症。

二、课后思考

制作菊花饼的关键点有哪些？

三、实践活动

以小组为单位，各自制作一份菊花饼，并互相讨论、评价。

任务九

荷花酥

明确实训任务

掌握水油面团的调制方法，正确判断包酥状态，完成荷花酥的炸制。

实训任务导入

荷花酥的起源

荷花酥是海南传统小吃，被列为“中华名小吃”，其历史源远流长，在民间制作相当普遍，其象征着喜庆、吉祥、幸福、甜蜜。在农村逢年过节都会制作荷花酥，也会在亲朋好友入新宅、小孩满月周岁等喜庆日送上一筐荷花酥作为吉祥礼品。

实训任务目标

（1）了解荷花酥的相关知识。

（2）掌握荷花酥面团和馅料的调制方法。

（3）能够按照制作流程，在规定时间内完成荷花酥的制作。

知识技能准备

油酥面团的概念

油酥面团，也称为“酥皮面团”或“油酥皮”，是一种广泛应用于中式糕点制作的面团类型。其主要特点是在制作过程中，油脂（如猪油、植物油等）与面粉充分混合，形成多层次、酥脆的口感。油酥面团可用于制作月饼、酥饼、葱油饼等多种美食。

制作荷花酥

一、面点制作

填写面点制作工作页。

实训产品	荷花酥	实训地点	面点厨房
工作岗位	面点制作		
操作步骤	❶ 备料 （1）水油皮面团：面粉 200 g、白糖 20 g、猪油 70 g、水 80～110 g、食盐 3 g。 （2）干油酥面团：面粉 200 g、猪油 100 g。		

续表

操作步骤	 ❷ 操作步骤 (1) 将水油皮面团揉至光滑待用,将干油酥面团揉均匀,整理成长方形待用。 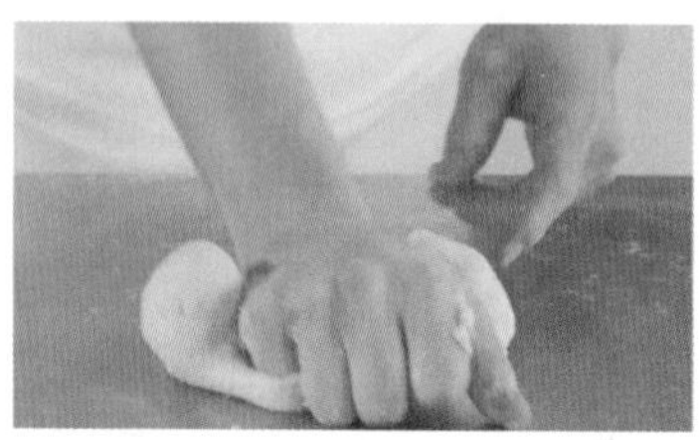  (2) 将水油皮擀开包住干油酥,收口。 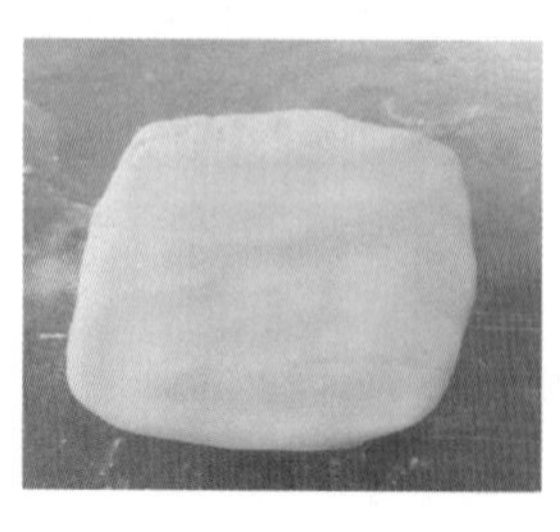 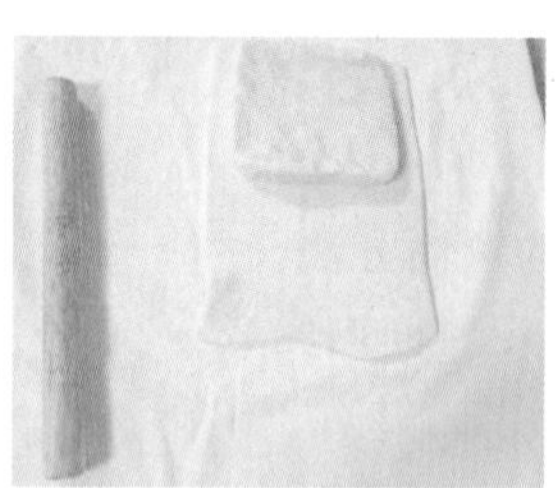 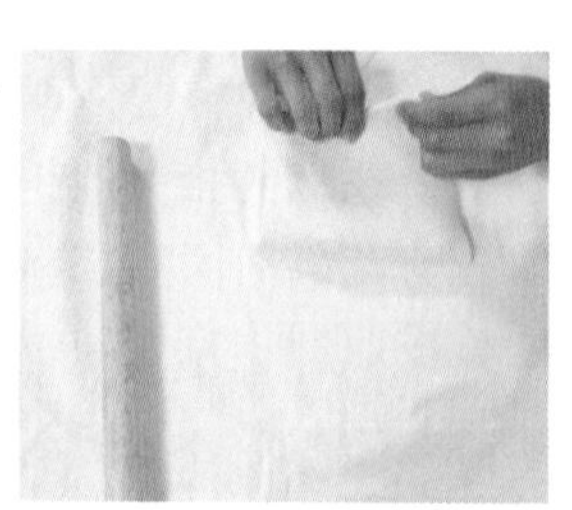 (3) 用擀面杖轻敲使油分布均匀,用滚轮擀面杖从中间往两边擀,保持正方形的形态。有气泡的地方,用牙签戳破,继续擀成厚薄均匀的长方形。 (4) 开两次三折。   (5) 用圆形模具压出面皮,包入豆沙馅,收口朝下,用雕刻刀在表面划出纹路,六等分,不要划太深,油炸至开花金黄色即可。  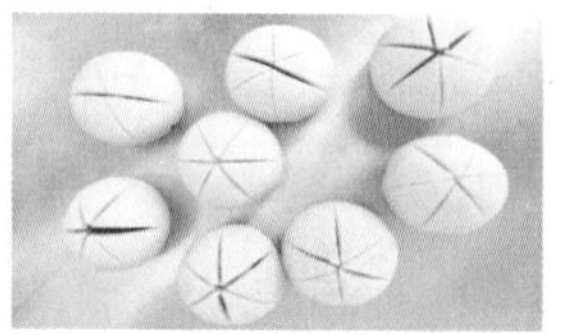 

续表

操作步骤	❸ **技术要点**　切花瓣时，切口深度刚好切到馅心的位置。每一层皮都要切到，否则开不了花。但不能切到馅心，否则炸制时馅心会散开。炸制时，待中间微微鼓起便可以拨出花瓣
面点成品	
完成情况	
反思改进	（1）列出工艺关键： （2）找出不足，提出改进措施：

二、收档及整理

填写收档工作页及自查表。

任务名称	各岗位工作任务要素	工作评价			
收档工作记录	工具收档	规范		欠规范	
	案板收档	规范		欠规范	
	设备收档	规范		欠规范	
反思					

练习与思考

一、练习

（一）选择题

1. 制作混酥面团使用熔点低的油脂，（　　）的能力强，擀制时面团容易发黏。

A. 吸收水分　B. 吸收蛋液　C. 吸收糖分　D. 吸湿面粉

2. 制作（　　）面团应选用颗粒较小的糖。

A. 甜品　B. 果冻　C. 混酥　D. 面包

制订实训任务工作方案

进入厨房工作准备

组织实训评价

（二）判断题

（　　）1. 清酥面团产生层次的原料和结构是指原料的互为表里和有规律地相互隔绝。

（　　）2. 当发现清酥制品烘烤时表面已上色，而内部未成熟的，可在制品表面盖一张纸。

二、课后思考

制作荷花酥的关键点有哪些？

三、实践活动

以小组为单位，各自制作一份荷花酥，并互相讨论、评价。

任务十

海狮酥

教学资源包

明确实训任务

掌握油酥面团的制作方法，正确掌握操作技巧，完成海狮酥的炸制。

实训任务导入

海狮酥，造型美观大方，外酥内甜，松软滋润，是在海南传统糕点基础上的创新制品。海狮酥在制作时要注意擦干油酥时，其软硬度要与水油面团一致。炸生坯要掌握好火候、油温。

实训任务目标

(1) 了解海狮酥的相关知识。

(2) 掌握海狮酥面团和馅料的调制方法。

(3) 能够按照制作流程，在规定时间内完成海狮酥的制作。

知识技能准备

油酥面团的应用

油酥面团因其酥脆的口感和丰富的层次，广泛应用于制作各种中式糕点。如在月饼制作中，油酥面团常作为月饼的外皮，与不同口味的馅心搭配，制作出美味的月饼。此外，油酥面团还可用于制作酥饼、葱油饼、煎饼馃子等多种美食。

制作海狮酥

一、面点制作

填写面点制作工作页。

实训产品	海狮酥	实训地点	面点厨房
工作岗位	面点制作		
操作步骤	**❶ 备料** (1) 水油皮面团：面粉 280 g、白糖 20 g、猪油 20 g、水 150～160 g、食盐 3 g。 (2) 干油酥面团：面粉 250 g、猪油 150 g。		

续表

操作步骤

❷ **操作步骤**

(1) 将制作水油皮面团的原料混合揉至光滑。

(2) 将制作干油酥面团的原料混合揉均匀,整理成长方形。将水油皮擀开包住干油酥,收紧边缘。

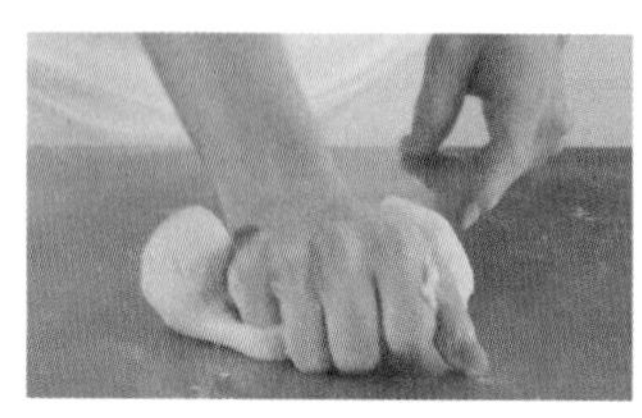

(3) 用擀面杖轻敲使油分布均匀。

(4) 用滚轮擀面杖从中间往两边赶,保持正方形的形态。有气泡的地方,用牙签戳破。继续擀成厚薄均匀的长方形。

(5) 开两次四折。

(6) 将擀好的面团,切成宽 8 cm 的面团喷上水。

(7) 将切好的面团叠在一起,用刀切成薄片,擀匀。

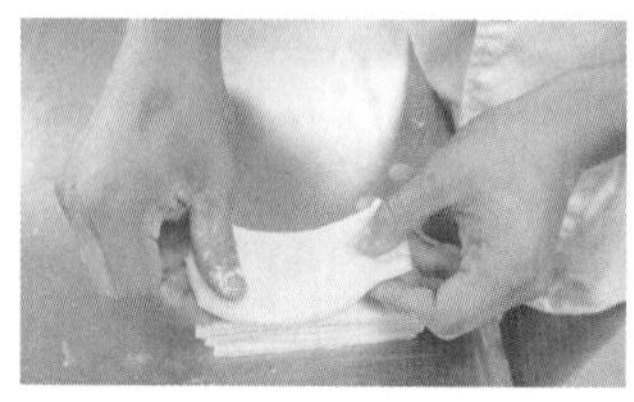

续表

操作步骤	(8) 用模具压出，包入馅料。   (9) 收口包紧，塑形。 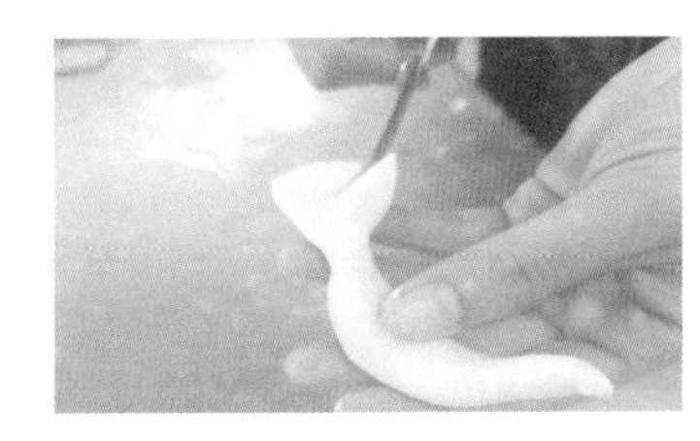  (10) 粘上黑芝麻当作“眼睛”，粘上鳍肢。 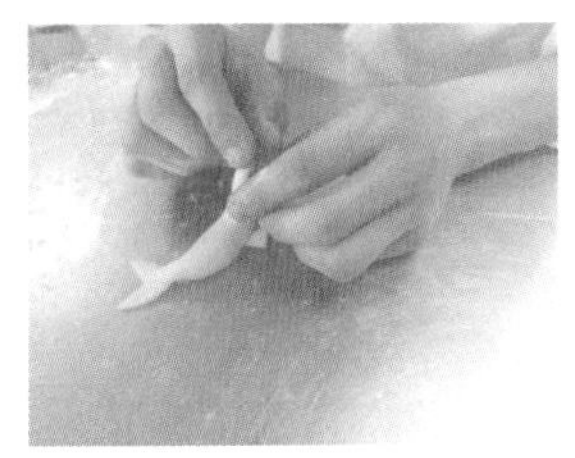   (11) 放入炸篱，油炸至开米黄色即可。 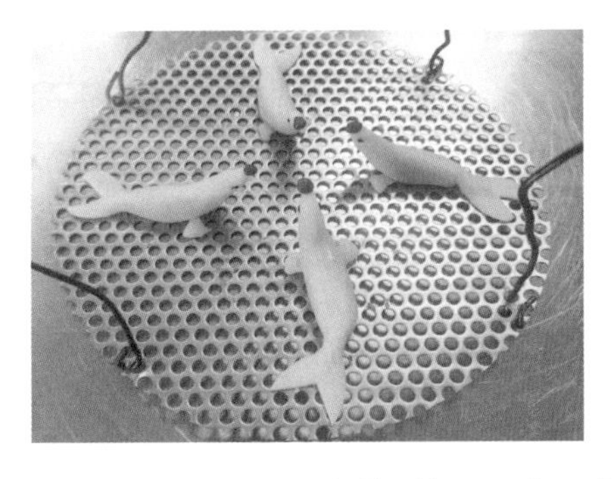 ❸ **技术要点**　油温是关键，油温以七八成热(约 180 ℃)为宜，如果油温太高，外皮颜色很深里面却还没熟。可以用筷子插入油锅有小气泡时，则油温较适宜，或者在油锅中放一小块面团，面团快速浮起，也说明刚刚好
面点成品	

续表

完成情况	
反思改进	(1) 列出工艺关键： (2) 找出不足，提出改进措施：

二、收档及整理

填写收档工作页及自查表。

任务名称	各岗位工作任务要素	工 作 评 价			
收档工作记录	工具收档	规范		欠规范	
	案板收档	规范		欠规范	
	设备收档	规范		欠规范	
反思					

练习与思考

一、练习

(一) 选择题

1. 面粉所含营养素以(　　)为主。

A. 糖　B. 面筋质　C. 双糖　D. 蛋白质

2. 动物油营养价值比植物油营养价值低的原因之一是(　　)。

A. 熔点高　B. 熔点低

C. 饱和脂肪酸含量低　D. 维生素含量多

(二) 判断题

(　　)1. 混酥类面团的酥松程度，主要是由面团中的面粉和油脂等原料的性质所决定的。

(　　)2. 当混酥面团加入面粉后，必须搅拌很久，以便面粉产生筋性。

二、课后思考

制作海狮酥的关键点有哪些？

三、实践活动

以小组为单位，各自制作一份海狮酥，并互相讨论、评价。

制订实训任务工作方案

进入厨房工作准备

组织实训评价

项目三
海南油炸类面点

【项目描述】

海南油炸类面点是海南传统特色小吃的一种，通常以面粉、糯米粉等为主要原料，再加入各种调料和馅料，经过油炸制成，深受当地居民和游客的喜爱。随着旅游业的发展，越来越多的人开始关注和品尝海南的特色美食，因此海南油炸类面点具有广阔的市场前景。

【项目目标】

(1) 能从感官上辨别高筋面粉、中筋面粉与低筋面粉，并了解相应的用法。

(2) 了解生物膨松、化学膨松和物理膨松的概念。

(3) 能理解和掌握化学膨松剂：泡打粉、小苏打和臭粉的化学组成和使用时的注意事项。

(4) 能独立完成面点的制作和摆盘。

(5) 培养安全意识、卫生意识以及爱岗敬业的职业素养。

(6) 在制作和创新面点的过程中感受烹饪艺术的趣味，培养创新意识和工匠精神。

任务一

海南油条

教学资源包

掌握膨松面团的调制方法，正确判断面团的醒发程度，完成海南油条的炸制。

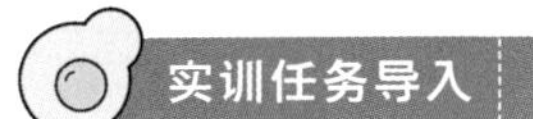

海南油条的起源

宋朝时，岳飞与儿子岳云、部将张宪被当朝宰相秦桧和他的妻子王氏以莫须有的罪名使用十二道金牌害死在风波亭。消息传来，老百姓个个义愤填膺，酒楼茶馆、街头巷尾都在讨论这件事。

这一天，众安桥下刚刚散了早市，做烧饼的王二和做糯米团的李四聊到秦桧害死岳飞的事情。两人都非常愤懑，李四从面板上弄了两个面团，捏成了两个面人，丢进滚烫油锅中炸。一边炸面人，一边叫着，“大家来看油炸桧啰！”恰巧，秦桧坐着八抬大轿正经过此处。秦桧在轿子里听见嘈杂的喊声，就把王二和李四抓来，连油锅也端到轿前，他看见油锅里的两个丑面人，气得大声嚎叫：“好大的胆子！你们想要造反？怎敢乱用本官的名讳？”王二说：“宰相大人，你是木旁的‘桧’，我这是火旁的‘烩’哩！”秦桧无话可说，他看看油锅里浮起的炸得焦黑了的两个丑面人，喝道：“这炸成黑炭一样的东西，如何吃得！分明是两个刁民，聚众生事，欺蒙官府！”听秦桧这么一说，人群中立刻站出几个人来，一边把油锅里的面人捞起来，一边连声说：“好吃！我越吃越畅快，真想一口把它吞下去！”秦桧气得脸像猪肝，他瞪瞪眼睛，往大轿里一钻，灰溜溜地逃了。无赖秦桧当众吃瘪，这件事情一下轰动了临安城。人们纷纷赶到众安桥来，都想吃一吃“油炸桧”，王二和李四索性合伙做起了“油炸桧”的生意。

实训任务目标

（1）了解海南油条的相关知识。

（2）掌握海南油条面团的调制方法。

（3）了解膨松剂的类别和化学膨松剂的分类。

（4）了解不同膨松剂的混合使用效果。

（5）能够按照制作流程，在规定时间内完成海南油条的制作。

知识技能准备

创新意识

在面点知识技能准备中，创新意识也是不可或缺的一部分。随着时代的发展，人们对面点的口味和造型要求越来越高。面点师需要具备敏锐的观察力和创新思维，不断探索新的面点品种和制作方法，以满足消费者的需求。通过尝试不同的原料搭配、创新造型设计和改进制作工艺，

面点师可以创造出独具特色的面点作品，提升自己的竞争力。

制作海南油条

一、面点制作

填写面点制作工作页。

<table>
<tr><td>实训产品</td><td>海南油条</td><td>实训地点</td><td>面点厨房</td></tr>
<tr><td>工作岗位</td><td colspan="3">面点制作</td></tr>
<tr><td>操作步骤</td><td colspan="3">

❶ 备料

(1) 皮料：油条专用粉 500 g、白糖 25 g、小苏打 2 g、鸡蛋 1 个、水 250 g、臭粉 2 g、黄油 25 g、猪油 25 g、泡打粉 7 g、食盐 5 g。

(2) 辅料：大豆油 2500 g。

❷ 操作步骤

(1) 将油条专用粉过筛备用。

(2) 开窝，加入白糖、小苏打、臭粉、鸡蛋、泡打粉、食盐。

(3) 加入猪油、黄油。

(4) 揉面，揉至面团光滑。

</td></tr>
</table>

续表

操作步骤

（5）将揉好的面团放到烤盘上松弛。

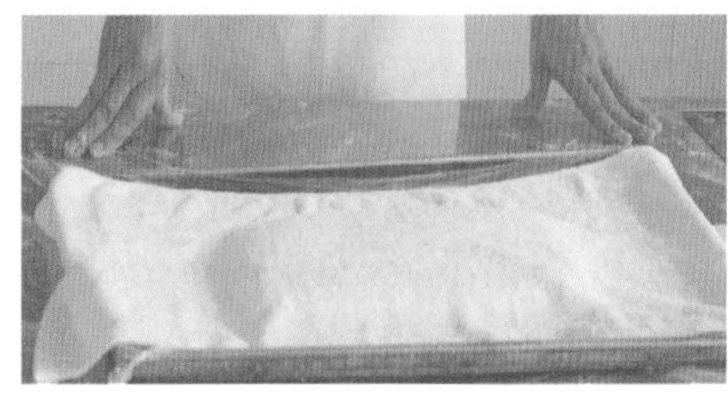

（6）在面板上撒点干面粉，把松弛好后的面团压成长方形（这时候不能再揉），用擀面杖擀平。

（7）将面坯用刀切成宽 2 cm、厚 0.5～0.8 cm 的长条（刀口抹点面粉以防粘连）。

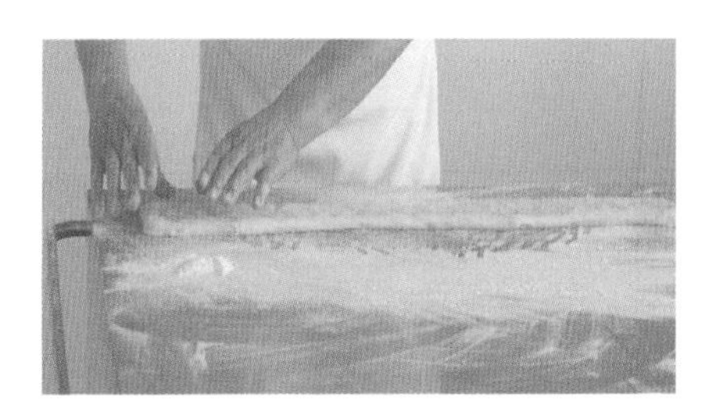

（8）用筷子蘸水点在中间。

（9）两条油条生坯拼一起，锅中烧大豆油（油温约 180 ℃），捏住油条生坯的两端放入锅中（一般放入 4～5 秒油条就会漂浮起来），油条迅速膨胀变大，然后用筷子多翻动使其受热均匀。

（10）炸至金黄即可。

③ 技术要点

（1）不同面粉的吸水性不同，揉面的时候观察面团状态决定要不要加水，加水时少量多次，直至使面团偏软（但是绝不是稀得粘手，像耳垂一样柔软就可以）。

（2）油温是关键，油温以七八成热（约 180 ℃）为宜。油温太低油条膨胀不起来，炸的油条会没有“蜂窝”；油温太高则油条外皮颜色很深里面却还没熟。用筷子插入油锅，有小气泡逸出时，油温就刚好，或者向油锅中扔一小块面团，若面团快速浮起，也说明油温刚刚好

面点成品

续表

完成情况	
反思改进	(1) 列出工艺关键： (2) 找出不足，提出改进措施：

二、收档及整理

填写收档工作页及自查表。

任务名称	各岗位工作任务要素	工作评价			
收档工作记录	工具收档	规范		欠规范	
	案板收档	规范		欠规范	
	设备收档	规范		欠规范	
反思					

制订实训任务工作方案

进入厨房工作准备

组织实训评价

练习与思考

一、练习

（一）选择题

1. 炸油条时，加碱和高温对营养素损失严重的是（　　）。

A. 烟酸　　B. 无机盐　　C. 蛋白质　　D. 维生素 B_1

2. 油条是我国居民传统的风味食品，但是油条的制作过程会损失部分营养素，其中损失最多的是（　　）。

A. 蛋白质　　B. B族维生素　　C. 维生素E　　D. 铁

（二）判断题

（　　）1. 炸油条是通过热传递的方式改变了油条的内能。

（　　）2. 油的沸点比水的沸点高，所以炸油条时，油可以保持高温。

二、课后思考

制作海南油条的关键点有哪些？

三、实践活动

以小组为单位，各自制作一份海南油条，并互相讨论、评价。

任务二

海南炸包

教学资源包

掌握膨松面团的调制方法，正确判断面团的发酵程度，完成海南炸包的炸制。

实训任务导入

海南炸包的起源

炸包是海南传统小吃，被列为“中华名小吃”，其历史源远流长，在民间制作相当普遍，象征着喜庆、吉祥、幸福、甜蜜。在农村人们逢年过节都会制作一些炸包自己吃或送朋友吃，也会在亲朋好友搬入新宅、小孩满月或周岁等喜庆日送上一筐作为吉祥礼品。

实训任务目标

（1）了解海南炸包的相关知识。

（2）掌握海南炸包面团和馅料的调制方法。

（3）能够按照制作流程，在规定时间内完成海南炸包的制作。

知识技能准备

一、白糖在面点制作中的作用

（1）白糖是一种富有能量的甜味料，也是酵母中能量的主要来源。

（2）白糖有吸湿性及水化作用，可使制品保持柔软，还可以增加保鲜期。

（3）白糖有焦化作用，可提供产品的色泽和香味。

（4）白糖可改善面团内部的组织结构。

二、食盐在面点制作中的作用

食盐是制作过程中面团不可缺少的辅料之一。虽然在面团制作中所占的比例不大，但是作用很明显。

（1）增加面筋。食盐可以使面团质地致密，增加弹性，从而增加面团的筋力。

（2）调节发酵速度。食盐使溶液产生渗透压，对酵母菌的发育有一定的抑制作用，因而可以通过增加或减少配方中食盐的用量来调节面团的发酵速度。

（3）改善品质。食盐可以改善面团的色泽和组织结构，使面团内部颜色洁白。

三、水在面点制作中的作用

（1）面粉中的蛋白质充分吸水可形成面筋。

（2）面粉中的淀粉吸水糊化，变成可塑性面团。

（3）水能溶解食盐、白糖、酵母等干性辅料。

（4）水能帮助酵母生长繁殖，促进酶对蛋白质和淀粉的水解。

（5）水能控制面团的软硬度和温度。

制作海南炸包

一、面点制作

填写面点制作工作页。

实训产品	海南炸包	实训地点	面点厨房
工作岗位	面点制作		

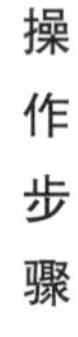

操作步骤

❶ **备料** 中筋面粉 500 g、鸡蛋 1 个、泡打粉 10 g、五香粉 5 g、白糖 100 g、小苏打 3 g、臭粉 2 g、棕榈油 40 g、水 250 g、小葱适量。

❷ **操作步骤**

（1）将中筋面粉、泡打粉过筛开窝，加入白糖、鸡蛋、五香粉、小苏打、臭粉、棕榈油、小葱，加水搓至面团均匀有劲。

（2）将面团分割成每个 60 g 的剂子，搓圆静置 10 分钟待其松弛。

（3）用擀面杖将松弛的剂子擀薄备用，把油锅烧热加入大豆油，待油温升至 180 ℃时，将生坯放入油锅中，炸至两面金黄捞出控干即可。

❸ **技术要点**

（1）面粉不同，使用水或牛奶的量应适当增减，可预留 20 g 水或牛奶，如果面团太干则可再加。

（2）油温是关键，油温以七八成热（约 180 ℃）为宜。可以用筷子插入油锅，有小气泡逸出时，油温就刚好，或者向油锅中扔一小块面团，若面团快速浮起，也说明油温刚刚好

续表

面点成品	
完成情况	
反思改进	(1)列出工艺关键： (2)找出不足,提出改进措施：

二、收档及整理

填写收档工作页及自查表。

任务名称	各岗位工作任务要素	工 作 评 价			
收档工作记录	工具收档	规范		欠规范	
	案板收档	规范		欠规范	
	设备收档	规范		欠规范	
反思					

练习与思考

一、练习

(一)选择题

1. 海南炸包的特点是(　　)。

A. 外皮酥脆,内馅多汁　　B. 外皮松软,内馅香甜

C. 外皮金黄,内馅鲜美　　D. 外皮油亮,内馅丰富

2. 面点师傅制作了海南炸包,以下关于海南炸包的特点,正确的是(　　)。

A. 炸包的外皮应该是酥脆的　　B. 炸包的内部应该是湿润的

C. 炸包的口感应该是甜腻的　　D. 炸包的颜色应该是深褐色的

(二)判断题

(　　)1. 炸包的外皮通常是酥脆的,内馅可能是多汁的。

(　　)2. 炸包一般是通过炸制的方式制作而成。

二、课后思考

制作海南炸包的关键点有哪些?

三、实践活动

以小组为单位,各自制作一份海南炸包,并互相讨论、评价。

制订实训任务工作方案

进入厨房工作准备

组织实训评价

任务三

海南煎堆

掌握面团的调制方法，正确判断面团的软硬程度，完成海南煎堆的炸制。

海南煎堆的起源

海南的风味小吃有很多，较为独特的要算煎堆了，在海口煎堆又称珍袋（海南方言音译），是一种油炸米制品。其色泽金黄，外形浑圆中空，口感芳香酥脆，体积膨大滚圆，表皮薄脆清香而又柔软粘连，馅心香甜可口。

在海南，人们在元宵节敬神祈福、老人贺寿、建房上梁、孩子满月等喜庆日招待客人时，煎堆总是少不了的，久别家乡的海外侨胞归乡，也总少不了煎堆。平常市面上卖的煎堆不过小拳头般大小，而在农历二月十五日军坡节时，煎堆做得格外大，有的像篮球似的。

煎堆在海南一带是贺年食品，正所谓"煎堆辘辘，金银满屋"，即是富有、富足的意思。另外有种石榴煎堆，上面红花点缀，就好像石榴一样，寓意多子多福。

煎堆是海南出名的小吃，各地的做法略有不同。通常用糯米粉、白糖水搓匀后捏成圆团，放进热油锅中捞压至膨胀成拳头大圆球形，表皮光滑，口感酥软，满嘴油香。

实训任务目标

（1）了解海南煎堆的相关知识。

（2）掌握海南煎堆面团的调制方法。

（3）能够按照制作流程，在规定时间内完成海南煎堆的制作。

知识技能准备

一、掌握面点制作的基本技能

制作海南煎堆需要掌握面点制作的基本技能，如和面、揉面、擀皮、包馅等。这些技能是制作面点的基础，也是制作海南煎堆的必备技能。

二、原料选择

1. 糯米粉　选择优质糯米粉，以保证煎堆的口感和质地。糯米粉的质量直接影响煎堆的软糯程度和口感，因此务必选择品质上乘的产品。

2. 食用油　选择高温稳定性较好的食用油，如花生油、清香的食用植物油等，以确保煎炸过

程中不易产生烟雾或生成有害物质。

制作海南煎堆

一、面点制作

填写面点制作工作页。

实训产品	海南煎堆	实训地点	面点厨房
工作岗位	面点制作		
操作步骤	❶ **备料**　水磨糯米粉 500 g、白糖 200 g、水 400 g、熟澄面 100 g、猪油 50 g、白芝麻 250 g、大豆油 1000 g、豆沙馅 450 g。  ❷ **操作步骤** (1) 将白糖用水溶化。 (2) 将水磨糯米粉倒在操作台面上开窝。 (3) 加入猪油。 (4) 加入糖水进行和面。 (5) 加入熟澄面进行揉面,包入豆沙馅。      (6) 将大豆油加热至 180 ℃,将揉搓好的糯米团粘上白芝麻放入锅中。 (7) 炸至金黄色即可捞出。		

续表

<table>
<tr><td>操作步骤</td><td> 
❸ **技术要点**
(1) 糯米粉要选用水磨糯米粉,滑、爽、细。
(2) 包馅时封口一定要捏紧,不能留缝,也不能使封口处的糯米层太薄,否则,煎堆在炸制时收口处容易破开,导致漏馅</td></tr>
<tr><td>面点成品</td><td></td></tr>
<tr><td>完成情况</td><td></td></tr>
<tr><td>反思改进</td><td>(1) 列出工艺关键:

(2) 找出不足,提出改进措施:</td></tr>
</table>

二、收档及整理

填写收档工作页及自查表。

<table>
<tr><td>任务名称</td><td>各岗位工作任务要素</td><td colspan="4">工 作 评 价</td></tr>
<tr><td rowspan="3">收档工作记录</td><td>工具收档</td><td>规范</td><td></td><td>欠规范</td><td></td></tr>
<tr><td>案板收档</td><td>规范</td><td></td><td>欠规范</td><td></td></tr>
<tr><td>设备收档</td><td>规范</td><td></td><td>欠规范</td><td></td></tr>
<tr><td>反思</td><td colspan="5"></td></tr>
</table>

制订实训任务工作方案

进入厨房工作准备

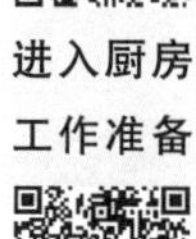
组织实训评价

一、练习

(一) 选择题

1. 海南煎堆又被称为(　　)。

A. 麻团　B. 珍袋　C. 油堆　D. 以上都是

2. 海南煎堆的外皮通常是(　　)。

A. 白色的　B. 金黄色的　C. 黑色的　D. 红色的

(二) 判断题

(　　)1. 海南煎堆的制作原料中一定有糯米粉。

(　　)2. 海南煎堆是海南传统的特色面点。

二、课后思考

制作海南煎堆的关键点有哪些?

三、实践活动

以小组为单位,各自制作一份海南煎堆,并互相讨论、评价。

任务四

海南裂糖

掌握面团的调制方法，正确判断面团的软硬程度，完成海南裂糖的炸制。

海南裂糖的起源说法之一

裂糖，又名开口笑，是海南传统小吃，被列为“中华名小吃”，其历史源远流长，在民间制作相当普遍，象征着喜庆、吉祥、幸福、甜蜜。在农村，人们逢年过节都会制作裂糖吃或送给朋友。也会在小孩满月、周岁等喜庆日送上一筐作为吉祥礼品。海南人民称它为裂糖（海南话），即表达人的心情，象征开心。

实训任务目标

（1）了解海南裂糖的相关知识。

（2）掌握海南裂糖面团的调制方法。

（3）能够按照制作流程，在规定时间内完成海南裂糖的制作。

知识技能准备

食品安全与卫生

食品安全与卫生是面点制作过程中必须重视的问题。面点师需要严格遵守食品安全法规，确保原料的质量和安全。在制作过程中，要保持操作环境的清洁卫生，防止交叉污染。此外，面点师还需要掌握正确的食品储存和保鲜方法，确保面点的品质和安全。

一、面点制作

填写面点制作工作页。

<table>
<tr><td>实训产品</td><td>海南裂糖</td><td>实训地点</td><td>面点厨房</td></tr>
<tr><td>工作岗位</td><td colspan="3">面点制作</td></tr>
<tr><td>操作步骤</td><td colspan="3">

❶ 备料　低筋面粉 500 g、泡打粉 8 g、白糖 200 g、食粉 5 g、臭粉 2 g、吉士粉 5 g、鸡蛋 1 个、色拉油 20 g、水 220 g。

❷ 操作步骤

(1) 将低筋面粉、泡打粉、臭粉、食粉、吉士粉过筛备用。

(2) 将过筛好的粉料开窝加入白糖、鸡蛋、水，并使白糖溶化。

(3) 使用复叠手法揉面。

(4) 将面团叠压成型。

(5) 将面团搓条。

(6) 下剂。

 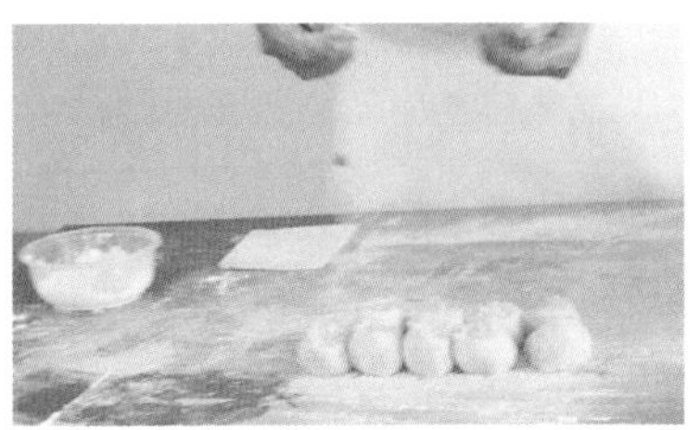

(7) 把剂子揉圆，蘸一遍水，在芝麻上滚一遍，再搓圆。

(8) 把色拉油烧至 180 ℃。

(9) 放入生坯炸至金黄色捞出即可。

</td></tr>
</table>

续表

<table>
<tr><td>操作步骤</td><td>  
❸ 技术要点
(1) 剂子一定要蘸一遍水，这样才不会掉芝麻。
(2) 油温是关键，油温以七八成热(约 180 ℃)为宜，油温太低裂糖会散开，油温太高则裂糖外皮颜色很深里面却还没熟</td></tr>
<tr><td>面点成品</td><td></td></tr>
<tr><td>完成情况</td><td></td></tr>
<tr><td>反思改进</td><td>(1) 列出工艺关键：

(2) 找出不足，提出改进措施：</td></tr>
</table>

二、收档及整理

填写收档工作页及自查表。

任务名称	各岗位工作任务要素	工 作 评 价			
收档工作记录	工具收档	规范		欠规范	
	案板收档	规范		欠规范	
	设备收档	规范		欠规范	
反思					

练习与思考

一、练习

(一) 选择题

1. 海南裂糖是一种传统点心，以下哪种食材可能会被用于制作海南裂糖？(　　)

A. 芝麻　　B. 花生　　C. 核桃　　D. 以上都是

2. 在制作海南裂糖时，通常会用到以下哪种材料？（　　）

A. 面粉　　B. 糯米粉　　C. 玉米淀粉　　D. 以上都不是

（二）判断题

（　　）1. 海南裂糖的外形通常是不规则的。

（　　）2. 海南裂糖的口感一定是酥脆的。

二、课后思考

制作海南裂糖的关键点有哪些？

三、实践活动

以小组为单位，各自制作一份海南裂糖，并互相讨论、评价。

制订实训任务工作方案

进入厨房工作准备

组织实训评价

任务五

淋糖蛋散

教学资源包

了解淋糖蛋散的相关知识，熟悉淋糖蛋散的制作工艺，完成淋糖蛋散的制作。

蛋散的由来

以前，在春节前夕，每家每户都要准备好花生、芝麻、糖等馅料包“油角”。有一家人穷困得没有余钱购买馅料，一家之主望着一堆已经发酵好的面团只能无奈叹气，苦思之下终得出：“富人有富人的吃法，就算是穷我也要备年货，为来年讨个好兆头；没有馅料，就把面团压扁下油锅炸也行！”

当鞭炮声声响起，辞旧迎新之际，众人陆续到这家拜年，一家之主就拿出炸好的小长方块来招呼朋友。大家纷纷尝试，感叹：“哇，这些小方块好酥、好脆啊！入口即化！好吃极了。来年我们也要尝试做，这个叫什么名字？”一家之主说道：“因为配料有鸡蛋，而且入口即化就像散了架似的，就叫蛋散吧。”

蛋散，作为广式经典传统小吃，它早在清末时期就闻名大江南北，当时坊间就流传着“北有沙琪玛，南有蛋散”一说。蛋散是以面粉、筋粉、鸡蛋和猪油搓成光滑面团后下油锅炸，炸至金黄色时捞起，蘸麦芽糖便可食用，是一种春节必备年货。

后来人们对蛋散进行改良，在制作过程中加入芝麻、南乳等其他配料，在原始的小方块面团中间下一刀，卷起做成麻花似的形状，更加好看。

实训任务目标

(1) 了解淋糖蛋散的相关由来。

(2) 理解淋糖蛋散的特点和运用。

(3) 熟悉淋糖蛋散的制作工艺。

(4) 能独立完成淋糖蛋散的制作任务。

知识技能准备

面　　粉

1. 面团制作　熟悉面粉的种类和特性，掌握不同筋度面粉的适用场景。学会根据配方称量面粉、水和其他添加剂，混合均匀后揉成光滑面团。

2. 面点成型　熟悉各种面点的成型技巧，如擀、切、捏等，将面团塑造成所需形状。

制作淋糖蛋散

一、面点制作

填写面点制作工作页。

实训产品	淋糖蛋散	实训地点	面点厨房
工作岗位	面点制作		
操作步骤	❶ 备料 （1）面皮用料：中筋面粉 500 g、鸡蛋 150 g、泡打粉 5 g、淀粉 10 g、水 150 g。 （2）糖浆用料：白糖 500 g、麦芽糖 100 g、水 300 g、醋精少许。  ❷ 操作步骤 （1）将中筋面粉、泡打粉混合，开窝，放入淀粉、鸡蛋、水拌匀，埋入面粉，将面团揉至光滑、有筋，搓成长条形，盖上洁净布，使面团松弛。 （2）用擀面杖把面团压成长条形面皮，开薄至 2～3 mm 厚。 （3）在面皮上撒上少量干面粉，复成两叠，再压薄。 （4）将面皮铺开，撒上干面粉再卷上棍，重复压薄至厚 1 mm。 （5）用刀切成“日”字形，在每件中间切三条缝，两件叠在一起，互相从中间穿过，四角对齐，稍拉长。    			

续表

<table>
<tr><td>操作步骤</td><td>(6) 将蛋散面皮放到油锅中(油温 180 ℃)炸至成熟,即成半成品。
(7) 制糖浆:将白糖、麦芽糖、水放进洁净的不锈钢盆内,煮成糖浆,最后加入少许醋精。
(8) 将炸好的蛋散逐条蘸上糖浆,上碟即可。

❸ 技术要点
(1) 面粉选用中筋面粉。
(2) 面团静置后擀大擀薄时不容易破。
(3) 炸制时温度要适宜,炸制时要推动蛋散防止粘连</td></tr>
<tr><td>面点成品</td><td></td></tr>
<tr><td>完成情况</td><td></td></tr>
<tr><td>反思改进</td><td>(1) 列出工艺关键:

(2) 找出不足,提出改进措施:</td></tr>
</table>

二、收档及整理

填写收档工作页及自查表。

任务名称	各岗位工作任务要素	工作评价			
收档工作记录	工具收档	规范		欠规范	
	案板收档	规范		欠规范	
	设备收档	规范		欠规范	
反思					

制订实训任务工作方案

进入厨房工作准备

组织实训评价

一、练习

(一) 选择题

1. 以下哪个描述最准确地反映了淋糖蛋散的口感特点?(　　)

A. 松脆可口,香甜适中　　B. 绵软滑嫩,入口即化

C. 韧性十足,耐嚼耐咽　　D. 油而不腻,口感丰富

2. 制作淋糖蛋散用的面粉是(　　)。

A. 低筋面粉　　B. 中筋面粉　　C. 高筋面粉　　D. 以上都是

(二) 判断题

(　　)1. 中筋面粉面团的特点是延展性好。

(　　)2. 淋糖蛋散在炸制过程中要先用高温炸定型。

二、课后思考

制作淋糖蛋散的关键点有哪些?

三、实践活动

以小组为单位,各自制作一份淋糖蛋散,并互相讨论、评价。

任务六

象形雪梨果

教学资源包

了解象形雪梨果的相关知识，熟悉象形雪梨果的制作工艺，完成象形雪梨果的制作。

象形雪梨果是一款历史较为悠久的广式点心。在 20 世纪八九十年代，潮州小食师傅将其带到潮州小食这一领域中来，经过改良后，成为一款较为著名的创新潮州小食，是近年潮菜筵席中常见的配桌面点。

实训任务目标

（1）了解象形雪梨果的相关知识。

（2）理解象形雪梨果的特点和运用。

（3）熟悉象形雪梨果的制作工艺。

（4）能独立完成象形雪梨果的制作任务。

知识技能准备

1. 红薯淀粉 又叫番薯淀粉、甘薯淀粉。红薯淀粉质地硬实，黏度高。所以平时常见的红薯淀粉呈颗粒状。虽然红薯淀粉黏度较高，但是却不适合用来勾芡，因为其透明度不高，所以比较适合用来制作油炸类并且需要复炸的食材。

2. 玉米淀粉 玉米淀粉的特点是吸水性强，黏性大，常用来给食物挂糊、勾芡或用于肉类腌制锁水，还可以用来增加食物定型和膨松度，所以烘焙中使用得比较多。

3. 马铃薯淀粉 即土豆淀粉，是家庭常用的一种淀粉，常用来勾芡、给肉上浆，它的透明度很高，在不影响菜品成色的前提下会让菜色看上去更透亮更好看。

4. 豌豆淀粉 用豌豆作原料制作而成，用其制作的食物柔软又有韧性。豌豆淀粉主要用来制作点心。

5. 小麦淀粉 也叫澄粉，用其做出来的成品细腻洁白、透明有光泽。小麦淀粉和面粉的原料虽然都是小麦，但有区别。面粉是将小麦仁直接磨成粉，而小麦淀粉是用面粉揉成面团后，放入水中搓洗，洗到面团体积不再缩小，剩下的面团即为面筋，而洗到水里面的那部分，就是小麦淀粉。

一、面点制作

填写面点制作工作页。

实训产品	象形雪梨果	实训地点	面点厨房
工作岗位	面点制作		

操作步骤

❶ 备料

（1）主料：去皮熟土豆泥 500 g、熟澄面 300 g、熟咸蛋黄 60 g、猪油 50 g、白糖 10 g、食盐 3.5 g、味精 1.5 g、麻油 2 g。

（2）馅料：豆蓉 300 g。

（3）辅料：白面包糠、瘦火腿。

❷ 操作步骤

（1）土豆去皮，蒸熟，按压成细腻的土豆泥（其中无小硬块）。

（2）将去皮熟土豆泥、熟澄面、熟咸蛋黄、猪油、白糖、食盐、味精、麻油一同揉至光滑。

（3）将揉好的面团切剂，用掌心压成圆片。

（4）包入适量的馅料（豆蓉）。

（5）将包入馅料的剂子裹上白面包糠，捏成梨形。

（6）将切好的瘦火腿插在做好的生坯上。

（7）油锅烧热，下入梨坯，炸至金黄色取出。

❸ 技术要点

（1）掌握型格的制作。

（2）掌握油温的控制

续表

<table>
<tr><td>面点成品</td><td></td></tr>
<tr><td>完成情况</td><td></td></tr>
<tr><td>反思改进</td><td>(1) 列出工艺关键：

(2) 找出不足，提出改进措施：</td></tr>
</table>

二、收档及整理

填写收档工作页及自查表。

<table>
<tr><td>任务名称</td><td>各岗位工作任务要素</td><td colspan="4">工 作 评 价</td></tr>
<tr><td rowspan="3">收档工作记录</td><td>工具收档</td><td>规范</td><td></td><td>欠规范</td><td></td></tr>
<tr><td>案板收档</td><td>规范</td><td></td><td>欠规范</td><td></td></tr>
<tr><td>设备收档</td><td>规范</td><td></td><td>欠规范</td><td></td></tr>
<tr><td>反思</td><td colspan="5"></td></tr>
</table>

制订实训任务工作方案

进入厨房工作准备

组织实训评价

练习与思考

一、练习

(一) 选择题

1. 制作象形雪梨果用的淀粉是(　　)。

A. 土豆淀粉　　B. 玉米淀粉　　C. 小麦淀粉　　D. 以上都是

2. 炸制象形雪梨果时油温过高会出现什么情况？(　　)

A. 成品吸油　　B. 成品外酥里嫩　　C. 成品外酥里不熟　　D. 以上都是

(二) 判断题

(　　)1. 象形雪梨果的制作难度很高，需要专业厨师才能完成。

(　　)2. 炸制象形雪梨果时油温低会导致吸油。

二、课后思考

制作象形雪梨果的关键点有哪些?

三、实践活动

以小组为单位,各自制作一份象形雪梨果,并互相讨论、评价。

项目四
水调及其他类面点

【项目描述】

我国地域广泛，地方风味突出，制作面点的原料极为丰富，在使用常规原料的同时，各地的面点制作都应充分利用本地的原料资源，开发新的面点品种。在用料广泛的基础上，要注重原料的选择。有经验的面点师都非常注重原料的选择，只有原料选择好，配料得当，才能制作出高质量的面点。

【项目目标】

(1) 了解吉士粉的作用。
(2) 了解食品着色剂在面点制作中的作用。
(3) 对面点的发展方向有正确认知。
(4) 能独立完成吉士棉花杯的制作和摆盘。
(5) 培养安全意识、卫生意识以及爱岗敬业的职业素养。
(6) 在制作和创新的过程中感受烹饪艺术的趣味，培养创新意识和工匠精神。

任务一

吉士棉花杯

明确实训任务

掌握面糊的调制方法，正确判断面糊的顺滑度，完成吉士棉花杯的蒸制。

实训任务导入

棉花杯是一款传统的中式面点，因其外表像棉花一样裂开，内部松软而得名，棉花杯从制作到出品非常简单快捷，可轻松上手。

实训任务目标

（1）了解吉士棉花杯的相关知识。

（2）掌握吉士棉花杯的调制方法。

（3）掌握食品添加剂的正确使用方法。

（4）重视对整体过程和加工方法的研究。

（5）能够按照制作流程，在规定时间内完成吉士棉花杯的制作。

知识技能准备

一、食品添加剂认知

1. 膨松剂 能够使面点制品体积膨大疏松的物质（包括生物膨松剂和化学膨松剂两类）。常见的生物膨松剂有酵母、面肥，常见的化学膨松剂有食用碱、小苏打、臭粉、泡打粉等。使用化学膨松剂时一定要控制好用量，从而达到膨松效果。

2. 着色剂 能够增加面点制品的色泽，使面点制品色泽更加丰富的物质，包括天然色素和化学合成色素两类。天然色素主要是从动植物中或微生物生长繁殖过程中的分泌物中提取的，着色自然，安全性高。化学合成色素大多数是由煤焦油中含有苯环或萘环的物质合成的，成本低，着色力强，性质稳定，但有一定的毒性，所以必须严格控制其用量。

二、面点的发展方向

（1）继承和发掘、推陈出新。

（2）加强科技创新，提高科技含量。

（3）注重营养素的搭配。

（4）突出方便、快捷、卫生。

三、吉士粉（Custardpowder）

吉士粉又称蛋粉、卡士达粉，是一种食品香料粉，呈淡黄色粉末状，具有浓郁的奶香味和果香

味。吉士粉易溶化，由疏松剂、稳定剂、食用香精、食用色素、奶粉、淀粉和填充剂组合而成。

制作吉士棉花杯

一、面点制作

填写面点制作工作页。

<table>
<tr><td>实训产品</td><td>吉士棉花杯</td><td>实训地点</td><td>面点厨房</td></tr>
<tr><td>工作岗位</td><td colspan="3">面点制作</td></tr>
<tr><td>操作步骤</td><td colspan="3">❶ 备料　低筋面粉 500 g、鸡蛋清 1 个、水 600 g、猪油 50 g、吉士粉 80 g、泡打粉 20 g、臭粉 1.5 g、白糖 275 g。
❷ 操作步骤
(1) 称备好原料。

(2) 在面盆中放入水、鸡蛋清、白糖，搅至白糖溶化。
(3) 在另一个面盆中放入低筋面粉、吉士粉、泡打粉、臭粉、猪油，搅拌均匀后倒入溶化好的糖水，和成面糊，搅至光滑细腻无面粉颗粒。
  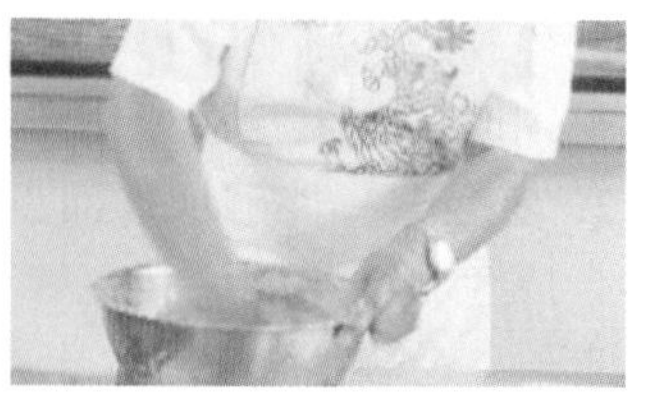
(4) 模具中垫纸托放入面糊(八分满)，放入蒸笼盖上盖子，醒发 15 分钟。
(5) 蒸炉先预热，大火蒸制 15 分钟。
(6) 出锅摆盘。
 </td></tr>
</table>

续表

<table>
<tr><td>操作步骤</td><td>❸ 技术要点
（1）面糊要搅拌均匀，顺滑、无颗粒，顺着一个方向搅拌。
（2）用大火蒸，开花效果好。
（3）入模具时不要倒太满（八分满）。
（4）熟制火候、时间控制恰当</td></tr>
<tr><td>面点成品</td><td></td></tr>
<tr><td>完成情况</td><td></td></tr>
<tr><td>反思改进</td><td>（1）列出工艺关键：

（2）找出不足，提出改进措施：</td></tr>
</table>

二、收档及整理

填写收档工作页及自查表。

任务名称	各岗位工作任务要素	工 作 评 价			
收档工作记录	工具收档	规范		欠规范	
	案板收档	规范		欠规范	
	设备收档	规范		欠规范	
反思					

练习与思考

一、练习

（一）选择题

1. 以下哪种原料不常见于传统的吉士棉花杯配方？（　　）

A. 牛奶　　B. 鸡蛋　　C. 玉米淀粉　　D. 果酱

制订实训任务工作方案

进入厨房工作准备

组织实训评价

2. 吉士棉花杯在蒸制过程中，为了保持模具内温度均匀，应该采取哪种措施？（　　）

A. 使用大火快速蒸制　　B. 使用文火缓慢蒸制

C. 在模具底部垫上一层油纸　　D. 在模具周围包上一层厚重的布

（二）判断题

（　　）1. 吉士棉花杯在烹饪过程中需要蒸制。

（　　）2. 为了确保吉士棉花杯的口感细腻光滑，所有原料都应该先经过加热混合。

二、课后思考

制作吉士棉花杯的关键点有哪些？

三、实践活动

以小组为单位，各自制作一份吉士棉花杯，并互相讨论、评价。

Note

任务二

马拉盏

明确实训任务

教学资源包

掌握面糊的调制方法，正确判断其顺滑度，完成马拉盏的蒸制。

实训任务导入

马拉盏的起源

马拉盏是早期茶楼流行的糕点之一，是由面粉、白糖、鸡蛋等制成的蒸蛋糕，多吃不腻，颇受广大群众喜爱。由于蒸熟后的马拉盏膨胀呈外翻形状，呼之欲出，所以亦称“反斗马拉盏”。

实训任务目标

（1）了解马拉盏的相关知识。

（2）掌握马拉盏的调制方法。

（3）了解油脂及鸡蛋在面点中的作用。

（4）了解添加剂的混合使用效果。

（5）能够按照制作流程，在规定时间内完成马拉盏的制作。

知识技能准备

一、油脂在面点中的作用

（1）降低面团的筋力和黏性。

（2）使面点酥松，增加面点风味。

（3）使面点光滑油亮。

（4）利用油脂的传热特点，使面点产生香、脆、酥、嫩等不同味道和口感。

（5）能提高面点的营养价值，为人体提供热量。

（6）降低面点吸水性，延长面点的存放期。

二、鸡蛋的特性和在面点制作中的作用

1. 鸡蛋的特性

（1）蛋白的起泡性。

（2）蛋黄的乳化性。

（3）鸡蛋的热凝固性。

2. 鸡蛋在面点中的作用

(1) 能改变面点的组织状态，提高制品的疏松度和绵软性。

(2) 能改善面点的色、香、味。

(3) 能提高面点的营养价值。

三、糖

制作面点常用的糖主要有食糖、饴糖，此外还有蜂蜜、葡萄糖浆、糖精等糖制品。

(1) 食糖：用甘蔗、甜菜等制成的糖。食糖按色泽不同，可分为红糖、白糖两大类；按形态和加工程度的不同，又可分为白砂糖、绵白糖、冰糖、方糖、红糖和赤砂糖等。

(2) 饴糖：俗称糖稀、米稀，是由粮食类淀粉经过淀粉酶水解制成的。其主要成分是麦芽糖和糊精。

(3) 蜂蜜：蜜蜂采花酿成，通常是透明或半透明的黏性液体，带有花香味，一般多用于特色糕点的制作。

(4) 葡萄糖浆：也称淀粉糖浆、液体葡萄糖等，俗称化学糖稀。其主要成分是葡萄糖。

(5) 糖精：又称假糖，是从煤焦油中提炼出来的人工甜味品。糖精对人体无益，糖精的最大用量不得超过 0.15 g/kg。

制作马拉盏

一、面点制作

填写面点制作工作页。

<table>
<tr><td>实训产品</td><td>马拉盏</td><td>实训地点</td><td>面点厨房</td></tr>
<tr><td>工作岗位</td><td colspan="3">面点制作</td></tr>
<tr><td>操作步骤</td><td colspan="3">❶ 备料　低筋面粉 187.5 g、白糖 200 g、三花淡奶 85 g、吉士粉 25 g、鸡蛋 225 g、泡打粉 7 g、食粉 2.5 g、色拉油 37.5 g。
❷ 操作步骤
(1) 备好原料。
</td></tr>
</table>

续表

操作步骤	(2) 在鸡蛋中加白糖搅拌至白糖溶化。   (3) 加入三花淡奶,搅拌均匀。 (4) 加入吉士粉、过筛的低筋面粉搅匀后加入泡打粉、食粉,搅拌至顺滑。   (5) 加入色拉油,搅拌均匀。 (6) 装入裱花袋中。   (7) 用食用刷在菊花盏内部裹上一层色拉油,再倒入面糊至九分满。 (8) 蒸炉先预热,大火蒸制 8 分钟。   (9) 出锅摆盘。 **3 技术要点** (1) 面糊要搅拌均匀、顺滑。 (2) 蒸制时需用大火。 (3) 菊花盏内需刷色拉油以防粘连导致纹路不清晰
 面点成品	

续表

完成情况	
反思改进	(1) 列出工艺关键： (2) 找出不足，提出改进措施：

二、收档及整理

填写收档工作页及自查表。

任务名称	各岗位工作任务要素	工作评价			
收档工作记录	工具收档	规范		欠规范	
	案板收档	规范		欠规范	
	设备收档	规范		欠规范	
反思					

练习与思考

一、练习

（一）选择题

1. 以下哪种配料不太可能出现在马拉盏中？（　　）

A. 鸡蛋　　B. 细砂糖　　C. 面粉　　D. 辣椒粉

2. 在准备马拉盏的配方时，以下哪个步骤是正确的？（　　）

A. 将鸡蛋和糖打发后，立即加入面粉继续搅打

B. 将马拉盏酒倒入正在蒸制的水中，以增加风味

C. 将马拉盏酒混入已筛过的干性材料中

D. 在混合好所有液体材料后，轻轻折入筛过的干性材料

（二）判断题

（　　）1. 马拉盏蒸制时需要使用发酵粉或小苏打来增加膨松度。

（　　）2. 在蒸制马拉盏时，必须使用活底模具以便脱模。

二、课后思考

制作马拉盏的关键点有哪些？

三、实践活动

以小组为单位，各自制作一份马拉盏，并互相讨论、评价。

制订实训任务工作方案

进入厨房工作准备

组织实训评价

任务三

馄饨

明确实训任务

掌握馄饨皮的擀制技术，正确判断馄饨皮的厚薄度，完成馄饨的包制。

实训任务导入

馄饨的起源

西汉扬雄所著《輶轩使者绝代语释别国方言》中提到"饼谓之饨"，馄饨是饼的一种，其中夹肉馅，经蒸煮后食用；若以汤水煮熟，则称"汤饼"。古人认为这是一种密封的包子，没有七窍，所以称为"浑沌"，依据中国造字的规则，后来才称为"馄饨"。此时，馄饨与水饺并无区别。至唐朝时期，才有了馄饨与水饺的区别称呼。

实训任务目标

（1）了解面团的种类。

（2）掌握馄饨皮面团和各种馅料的调制方法。

（3）掌握馄饨皮的制作技巧。

（4）了解不同原料制成馅料的使用效果。

（5）能够按照制作流程，在规定时间内完成馄饨的制作。

知识技能准备

一、面团的种类及作用

1. 水调面团　①开水面团；②温水面团；③冷水面团。

2. 油酥面团　①酥皮面团；②单皮面团。

3. 发酵面团

（1）老酵：发过头的酵面，又称面肥、引子、酵种、老面，可用以制作馍片、捆馍、馕饼等。

（2）大酵：发足了的酵面，也叫子母酵，可用以制作花卷大包、锅盔饼、三次发酵面包、麻酱酥、油旋饼、方酥饼、混糖饼。

（3）自来酵：酵面中质量最好的一种，做出的面点洁白而有光泽，特别松软、肥嫩、饱满。

（4）嫩酵：未发足的酵面，发酵时间是大酵的1/3，可用以制作小笼汤包、新港式面包、狗不理包子、庆丰包子、重庆茶饼、九江酥饼等。

（5）抢酵：老面与呆面团按一定比例拼成的酵面，也叫拼酵。

（6）呛酵母：在酵面中按一定比例呛入干粉制成的酵面。可用以制作高桩馒头、呛面包子、

法国脆皮、法国硬面面包、巴勒斯坦大饼等。

（7）急酵：膨松剂催发的酵面。可用以制作广东开花包、布丁、叉烧包、苏联面包、德国面包、混糖饼、麻叶、酥饼等。

（8）烫酵：用沸水调粉，凉后加入老酵制成的酵面。可用以制作家常饼、生煎馒头、苏式月饼、上海高桥松饼、黄桥烧饼、糖火烧、汤种面包等。

4. 米粉面团 ①籼米粉面团；②糯米粉面团；③粳米粉面团；④大米或其他米粉面团。

二、馅料的作用与分类

1. 作用 ①决定面点的口味；②影响面点的形态；③形成面点的特色；④丰富面点的品种；⑤增加面点的营养；⑥决定面点的成本。

2. 分类

（1）按制作原料可分为荤馅、素馅。

（2）按制作工艺可分为生馅、熟馅和生熟混合馅。

（3）按口味可分为咸馅、甜馅和甜咸馅。

三、咸馅原料的加工处理

1. 涨发处理 制馅中所用的干货原料，为尽量恢复其鲜嫩、细腻、松软的组织结构，常用水发、碱发、煮发、蒸发等涨发处理手段。

2. 形态处理 为适应面点成型、成熟的需要，原料一般都加工成细丝、小丁、粒、末、茸等形状，常用的形态处理方法有绞、擦、切、剁。

一、面点制作

填写面点制作工作页。

<table>
<tr><td>实训产品</td><td>馄饨</td><td>实训地点</td><td>面点厨房</td></tr>
<tr><td>工作岗位</td><td colspan="3">面点制作</td></tr>
<tr><td>操作步骤</td><td colspan="3">❶ 备料
（1）皮料：中筋面粉 300 g、食盐 5 g、水 130 g。
（2）馅料：五花肉 500 g、虾仁 100 g、食盐 5 g、味精 7 g、白糖 10 g、生抽 5 g、淀粉 20 g、水 100 g、香油 50 g、姜汁适量。
❷ 操作步骤
（1）将虾仁洗净，挑去虾肠，用洁净干白布吸干水分，用刀稍剁成粒。
（2）将五花肉切成肉末。
（3）调味料称好备用。
（4）虾仁和五花肉在盆中混合，搅拌均匀后依次加入调味料，用手顺着一个方向搅成胶状后放冰箱冷藏备用（水在搅拌过程中应少量多次加入）。
（5）将备好的面团粉料进行揉面制皮。</td></tr>
</table>

续表

操作步骤

（6）揉成光滑的面团，用湿毛巾盖上静置5分钟（静置的目的是让面团形成细密的面筋网络组织，从而改善面团的黏性、弹性和柔软性）。

（7）将醒好的面团放在案板上，底部撒面粉用手按扁，再将擀面杖压在面团上方，双手握住擀面杖两头用力来回推动，用压力将其擀成宽大的面皮（适当撒面粉可防止粘连）。

（8）撒面粉重复叠层擀匀擀薄。

（9）用刀切成大小一致的正方形馄饨皮。

（10）取馅料放在馄饨皮中间，在馄饨皮上方抹少许水，将馄饨皮上下对折压实皮和馅的缝隙。

（11）旋转180°后，蘸水将两个角捏在一起，包制完成。

续表

<table>
<tr><td>操作步骤</td><td>（12）锅中烧水。
（13）水沸后下入馄饨。
（14）煮熟捞出。

（15）放入调好的汤汁中，撒上葱花，制作完成。
❸ 技术要点
（1）馅料里的虾仁、五花肉颗粒大小要均匀，过粗大不利于包捏；过细小会影响成品口感。
（2）给虾仁馅调味时，应按规定的顺序投放调料。
（3）在擀制时，一次用力不宜过大，要一边擀一边转动面皮。当擀到一定厚度时，要适当拍面粉抹匀。
（4）煮制过程中要注意火候</td></tr>
<tr><td>面点成品</td><td></td></tr>
<tr><td>完成情况</td><td></td></tr>
<tr><td>反思改进</td><td>（1）列出工艺关键：
（2）找出不足，提出改进措施：</td></tr>
</table>

二、收档及整理

填写收档工作页及自查表。

<table>
<tr><td>任务名称</td><td>各岗位工作任务要素</td><td colspan="4">工作评价</td></tr>
<tr><td rowspan="3">收档工作记录</td><td>工具收档</td><td>规范</td><td></td><td>欠规范</td><td></td></tr>
<tr><td>案板收档</td><td>规范</td><td></td><td>欠规范</td><td></td></tr>
<tr><td>设备收档</td><td>规范</td><td></td><td>欠规范</td><td></td></tr>
<tr><td>反思</td><td colspan="5"></td></tr>
</table>

练习与思考

制订实训任务工作方案

进入厨房工作准备

组织实训评价

一、练习

（一）选择题

1. 馄饨的英文名称是（　　）。

A. Wonton　　B. Ramen　　C. Dumpling　　D. Spring roll

2. 在制作馄饨时，以下哪种原料通常不会被用作馅料？（　　）

A. 猪肉　　B. 鸡蛋　　C. 虾仁　　D. 面粉

（二）判断题

（　　）1. 馄饨只能用清水煮，不能用其他汤底。

（　　）2. 馄饨和云吞是同一种食物的不同叫法。

二、课后思考

制作馄饨的关键点有哪些？

三、实践活动

以小组为单位，各自制作一份馄饨，并互相讨论、评价。

任务四

三鲜烧卖

教学资源包

明确实训任务

掌握三鲜烧卖的包制技术，正确判断馅心的量，完成三鲜烧卖的包制。

实训任务导入

三鲜烧卖的起源

烧卖，俗误写为烧麦、稍麦、稍梅和稍卖，也有叫捎卖的。捎卖的解释是一种捎带着卖的面食。《现代汉语词典》中将这一面食写作“烧卖”，意思是加热售卖的食品。生活中多见包子、馒头冷售，不多见烧卖冷售，故称“烧卖”较为准确。烧卖一词最早见于宋元时期话本《快嘴李翠莲记》中，李翠莲在夸耀自己的烹饪手艺时曾说：“烧卖扁食有何难，三汤两割我也会。”的确，这一包馅蒸制的面食，现在分布极广。烧卖作为山西面食一绝，在三晋南北都有食俗。其形如石榴，洁白晶莹，馅多皮薄，味美可口，备受老百姓青睐。山西烧卖以其鲜明的北派风格，与广东南派烧卖隔江媲美。

烧卖在华北地区的广泛流传，与明清晋商向外发展有关，它跟随驼铃声走遍了内蒙古与京、津、冀大地。凡晋商所到之处，都有烧卖的身影，最著名的是北京“都一处”的烧卖，大同的烧卖在省内享有盛誉，太原的烧卖则以清和元为佳品，太原面食店的烧卖也非常畅销，在内蒙古则是卓资山的烧卖有名。

实训任务目标

（1）熟悉不同类咸味馅料的制作方法及工艺要求。

（2）掌握三鲜烧卖面团和馅料的调制方法。

（3）掌握三鲜烧卖的包制技巧。

（4）了解澄面面团的调制方法以及操作要点。

（5）能够按照制作流程，在规定时间内完成三鲜烧卖的制作。

知识技能准备

一、面点的分类

1. 按面团分类　这是面点师经常使用的一类分类方法。按这种分类方法可以将面点分为实面类面点，实面就是我们常说的水调面团、死面、呆面等；膨松类面点；酥松类面点；米类和米粉类面点；杂粮类面点等。

2. 按原料分类　这种分类方法可以将面点分为麦类面点、米类面点、杂粮类面点。

3. 按流派分类　可分为京式面点、苏式面点、广式面点、杨式面点、潮式面点、鲁式面点、川式面点、闽式面点等。

4. 按形态分类　可分为糕、饼、团、包、条、饺、粥、羹、粉、饭、冻等。

5. 按口味分类　可分为甜味面点、咸味面点、甜咸味面点及复合味面点等。

二、皮坯原料

面粉是制作面点的重要原料，其主要成分为蛋白质、糖、脂肪、水分、矿物质和维生素等。

(1) 蛋白质：面粉的重要成分，其含量占7.2%～12.2%。面粉中蛋白质的种类较多，其中最主要的是麦胶蛋白和麦麸蛋白，它们的含量占面粉中蛋白质总含量的80%以上，是构成面筋质(俗称“面筋”)的主要成分。

(2) 糖：面粉中糖的含量最多，占70%～80%，包括淀粉、纤维素、半纤维素和低分子糖分。其中淀粉占糖总量的99%以上。

(3) 脂肪：面粉中脂肪含量为1.3%～1.8%。

(4) 水分、矿物质、维生素：面粉中的水分含量为12%～14%；矿物质含量为0.5%～1.4%；维生素的种类较为丰富，有脂溶性的维生素A、维生素E和水溶性的B族维生素。

三、调辅原料——食盐

食盐是百味之王，其化学成分是氯化钠，一般加入少量碘作为营养强化剂。食盐是人们日常生活不可缺少的重要调味料之一。常用的食盐种类有海盐、湖盐、井盐、池盐等。食盐按加工精度又可分为粗盐、细盐和精盐。食盐以色白、味纯、无苦味、无杂质者为佳。

制作三鲜烧卖

一、面点制作

填写面点制作工作页。

实训产品	三鲜烧卖	实训地点	面点厨房
工作岗位	面点制作		
操作步骤	❶ 备料 (1) 三鲜馅料：猪肉碎250 g、冬菇5只、鲜虾仁150 g、食盐2 g、胡椒粉0.5 g、淀粉15 g、白糖5 g、香油20 g、蒜粉2.5 g、姜末5 g、蛋清30 g。 (2) 烧卖皮：中筋面粉170 g、澄面55 g、热水135 g、猪油15 g、食盐1 g。 ❷ 操作步骤 (1) 将猪肉碎剁烂至无颗粒备用。 (2) 鲜虾去虾壳，开背去除虾肠冲洗干净，用厨房用纸吸收水分备用。 (3) 冬菇漂水，用冷水冲洗，用厨房用纸吸收水分，切碎备用。  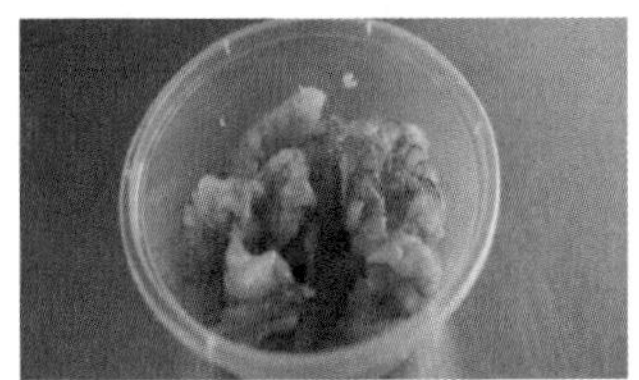 		

续表

<table>
<tr><td>操作步骤</td><td>
(4) 猪肉碎倒入盆中搅拌至起筋，加入鲜虾仁搅拌至肉泥完全包裹住鲜虾仁后加入蛋清搅拌至均匀，再加入冬菇碎，依次加入食盐、淀粉、白糖、香油、蒜粉、姜末、胡椒粉混合均匀备用。
(5) 将备好的面团粉料用少许热水烫制揉成团备用。

(6) 中筋面粉开窝放入食盐，倒入热水用筷子搅至面絮状，加入猪油、澄面揉到光滑后静置醒发(静置的目的是让面团形成细密的面筋网络组织，从而改善面团的黏性、弹性和柔软性)。
(7) 将面团搓条下剂子擀皮，放入馅料用虎口收口，右手用馅挑按压表面馅料至满且平整。
(8) 包好的烧卖底部垫一片胡萝卜片，表面撒上少许胡萝卜丁上锅蒸熟。

(9) 三鲜烧卖制作完成。
❸ 技术要点
(1) 馅料里的鲜虾仁大小要均匀，过粗大不利于包捏；过细小会影响成品口感。
(2) 给虾肉馅调味时，应按规定的顺序投放调料。
(3) 包制时，双手应配合灵活，力度适当。
(4) 煮制过程中注意火候
</td></tr>
<tr><td>面点成品</td><td></td></tr>
<tr><td>完成情况</td><td></td></tr>
</table>

续表

反思改进	(1) 列出工艺关键： (2) 找出不足，提出改进措施：

二、收档及整理

填写收档工作页及自查表。

任务名称	各岗位工作任务要素	工 作 评 价			
收档工作记录	工具收档	规范		欠规范	
	案板收档	规范		欠规范	
	设备收档	规范		欠规范	
反思					

练习与思考

一、练习

(一) 选择题

1. 三鲜烧卖中的"三鲜"一般指的是哪三种主要馅料？(　　)

A. 猪肉、虾仁、鸡蛋　B. 猪肉、鸡肉、香菇　C. 虾仁、鸡蛋、香菇　D. 猪肉、虾仁、香菇

2. 制作三鲜烧卖时，通常采用哪种方法来烹制？(　　)

A. 炸制　B. 烤制　C. 蒸制　D. 煎制

(二) 判断题

(　　)1. 烧卖在北方地区也常被称为烧麦，但两者是不同的食品。

(　　)2. 三鲜烧卖的馅料只限于使用肉类，不能使用蔬菜等其他配料。

二、课后思考

制作三鲜烧卖的关键点有哪些？

三、实践活动

以小组为单位，各自制作一份三鲜烧卖，并互相讨论、评价。

制订实训任务工作方案

进入厨房工作准备

组织实训评价

任务五

四喜蒸饺

了解温水面团的形成原理，进一步熟悉和面、搓条、下剂、制皮的技法，学会制作四喜蒸饺，掌握捏的成型技法。

四喜蒸饺的起源

蒸饺是一类大众面点，要想让顾客对此类面点有新鲜感，除了味道要好，品种的变化也非常有必要，要在色、香、味、形、馅等方面加以改变，争取做到“人无我有，人有我优”。四喜蒸饺是我国北方过年过节的传统面点。四喜寓意着好事成双，大吉大利。

实训任务目标

(1) 熟悉温水面团的调制方法。

(2) 掌握四喜蒸饺的成型制作工艺。

(3) 掌握装饰馅心的加工方法。

(4) 了解不同原料制成的馅心的使用效果。

(5) 能够按照制作流程，在规定时间内完成四喜蒸饺的制作。

知识技能准备

一、开水面团

开水面团的特点是黏、糯、柔软而无劲，但可塑性好，制品不易走样，带馅制品不易漏汁、易熟。开水面团成熟后，色泽较暗，呈青灰色，口感细腻软糯易于被人体消化吸收。开水面团一般用来制作煎、炸制品，如牛肉锅贴、炸盒子，另外，蒸饺、烧卖也用开水面团制作。

二、温水面团

温水面团色白、有韧性，但较松软，筋力比冷水面团稍差，可塑性强，便于包捏，制品不易走样，一般用来制作各种花色蒸饺及家常饼。

三、冷水面团

冷水面团韧性强、质地坚实、筋力大、延伸性强，制品爽口而筋道、耐饥饿、不易破碎，但面团暴露在空气中容易变硬。此类面团一般用来制作水煮制品，如面条、水饺、馄饨、刀削面等，如果

炸制或煎制食品，则食品香脆、质地酥松。

制作四喜蒸饺

一、面点制作

填写面点制作工作页。

<table>
<tr><td>实训产品</td><td>四喜蒸饺</td><td>实训地点</td><td>面点厨房</td></tr>
<tr><td>工作岗位</td><td colspan="3">面点制作</td></tr>
<tr><td>操作步骤</td><td colspan="3">

❶ 备料

(1) 猪肉馅料：猪梅花肉 250 g、食盐 1 g、鸡精 5 g、韩国白糖 7 g、十三香 1 g、酱油 17.5 g、鸡汁 20 g、香油 20 g、小葱 45 g、色拉油 25 g、菠菜 90 g、淀粉 20 g、生姜 10 g，水、胡萝卜丁、香菇丁、芹菜丁若干。

(2) 蒸饺皮：中筋面粉 300 g、糯米粉 30 g、食盐 3 g、沸水 180～200 g。

❷ 操作步骤

(1) 葱姜切碎倒入碗中备用。

(2) 菠菜过清水，挤掉水分，切碎备用。

(3) 猪梅花肉切碎，剁成肉末备用。加入韩国白糖、十三香、鸡精搅拌均匀打起筋至发白，加入食盐、酱油、鸡汁、香油、水、淀粉，混合搅拌至均匀。

(4) 步骤(2)中加入色拉油充分搅拌均匀和步骤(3)中的猪肉末混合搅拌均匀。

(5) 备好面团原料进行揉面制皮。

</td></tr>
</table>

续表

<table>
<tr><td>操作步骤</td><td>

(6) 揉成光滑的面团，用湿毛巾盖上静置 5 分钟。

 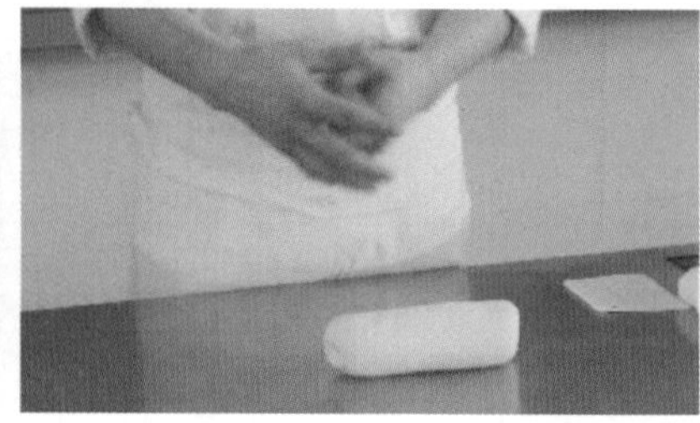

(7) 将醒好的面团搓条下剂子。

(8) 擀皮：先将面剂按扁，左手拇指、中指、食指捏住面剂的边缘，右手持擀面杖按于面剂的 1/3 处，推擀，右手推，左手将面剂向逆时针方向转动，这样一推一转反复 5～6 次，即可擀出一张中间稍厚、四周稍薄的圆形皮坯。

(9) 四喜蒸饺包法：取一张皮坯，中间放入馅料，皮坯两边对折分成四等份后两两捏合，中间留出一个小洞，分成大小一致的四瓣填入胡萝卜丁、香菇丁、芹菜丁后四角捏一下整理成正方形。

(10) 放入蒸笼蒸制 15 分钟。

(11) 出锅摆盘制作完成。

❸ 技术要点

(1) 饺子皮坯应稍微硬一些，以便成熟后制品不倒不塌，保证形态美观。

(2) 成品要色彩分明，整齐美观。

(3) 装饰材料需切得大小均匀。

(4) 煮制过程中注意火候

</td></tr>
<tr><td>面点成品</td><td>

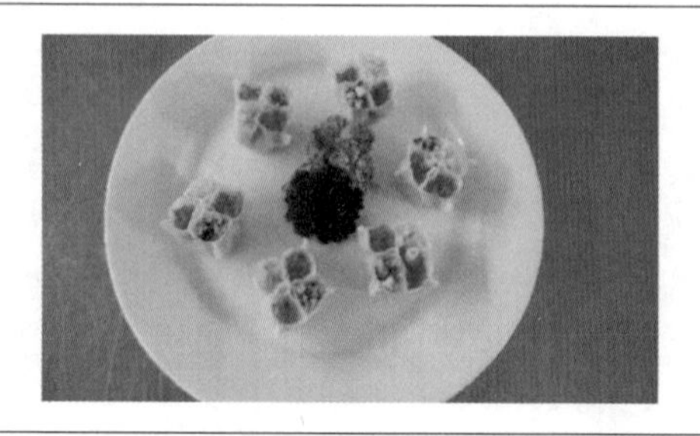

</td></tr>
</table>

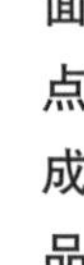

续表

完成情况	
反思改进	(1) 列出工艺关键： (2) 找出不足，提出改进措施：

二、收档及整理

填写收档工作页及自查表。

任务名称	各岗位工作任务要素	工 作 评 价			
收档工作记录	工具收档	规范		欠规范	
	案板收档	规范		欠规范	
	设备收档	规范		欠规范	
反思					

练习与思考

一、练习

(一) 选择题

1. 四喜蒸饺的“四喜”指的是哪四项？(　　)

A. 福、禄、寿、喜　　B. 财、运、康、乐　　C. 食、衣、住、行　　D. 忠、孝、仁、爱

2. 关于四喜蒸饺的描述，下列哪项是正确的？(　　)

A. 四喜蒸饺的主料是牛肉和羊肉　　B. 四喜蒸饺的皮料通常是用烫面法制作

C. 四喜蒸饺是一种油炸食品　　D. 四喜蒸饺的馅料中不包含任何蔬菜成分

(二) 判断题

(　　)1. 四喜蒸饺的名称中的“四喜”指的是饺子中有四种不同的馅料。

(　　)2. 四喜蒸饺只能在春节等特殊节日期间食用。

二、课后思考

制作四喜蒸饺的关键点有哪些？

三、实践活动

以小组为单位，各自制作一份四喜蒸饺，并互相讨论、评价。

制订实训任务工作方案

进入厨房工作准备

组织实训评价

任务六

椰皇糯米糍

教学资源包

明确实训任务

掌握水调面团的调制技术，正确判断面团的湿度，完成椰皇糯米糍的制作。

实训任务导入

椰皇糯米糍的起源

椰皇糯米糍也称为“米糍”“状元糍”，这其中还有一段故事。相传，南宋名臣邹应龙早年出身贫寒，但自幼勤奋读书，少年时已熟读诸子百家。庆元二年，他赴京应试时，所居泰宁城关水南街一带的邻里纷纷送其糯米糍，以供其路上食用，并祝愿其金榜题名。邹应龙的确才华出众，不负众望，在殿试时对答如流，思路独到，当时的皇帝为之大喜，御笔亲点他为状元，当他把从家乡带来的糯米糍呈献给皇帝品尝时，皇帝更是赞不绝口，赐名“状元糍”。

实训任务目标

（1）了解椰皇糯米糍的相关知识。

（2）掌握椰皇糯米糍面团和馅心的调制方法。

（3）了解糯米粉的来源。

（4）了解糯米粉的营养成分及使用效果。

（5）能够按照制作流程，在规定时间内完成椰皇糯米糍的制作。

知识技能准备

一、糯米粉

糯米粉是一种以糯米为原料加工而成的粉末，也称为糯米面或糯米粉浆。它是先将糯米浸泡数小时，然后放入石磨或机器中研磨成米浆，再经过筛分、沉淀、收集等一系列工序而制成的。糯米粉具有黏性强、口感嚼劲十足的特点，它的特殊性质使得它成为很多中国传统糕点和美食的重要原料，如糯米糍、年糕、汤圆等。此外，糯米粉还是一种营养丰富的食品原料，它含有丰富的糖，蛋白质，钙、铁等营养成分。

二、糯米粉的选购以及作用

在糯米粉的选购方面，以色泽洁白，无发霉变质的现象，无异味，口味嫩滑、细韧、不碜牙者为佳品。对于一般人群来说，糯米粉是可以食用的，但是需要注意个人体质差异，对于湿热、痰火偏盛、发热、咳嗽、痰黄、黄疸、腹胀、消化力弱等人群来说，需要谨慎食用或避免食用；在食疗方面，

糯米粉具有补中益气、健脾养胃、止虚汗的功效，对脾胃虚寒、食欲不佳、腹胀腹泻有一定的缓解作用，还可以起到收涩作用，对尿频、盗汗有较好的效果。糯米粉可以制作各式糕点和汤圆，蒸煮后熟食，也可以将糯米食品加热后食用。总的来说，糯米粉是一种重要的食品原料，具有独特的口感和营养价值，是中国传统食品文化中的重要组成部分。

三、糯米粉的营养成分

糯米粉的主要成分是淀粉，含量通常在70%以上。此外，糯米粉还含有蛋白质、脂肪、糖、钙、磷、铁、维生素 B_1、维生素 B_2、烟酸等成分。这些成分使得糯米粉具有独特的口感和营养价值，被广泛用于制作各种传统糕点和美食。

制作椰皇糯米糍

一、面点制作

填写面点制作工作页。

<table>
<tr><td>实训产品</td><td>椰皇糯米糍</td><td>实训地点</td><td>面点厨房</td></tr>
<tr><td>工作岗位</td><td colspan="3">面点制作</td></tr>
<tr><td>操作步骤</td><td colspan="3">
❶ 备料
(1) 皮料：糯米粉 500 g、熟澄面 120 g、猪油 50 g、白糖 200 g、水 420 g。
(2) 馅料：椰皇馅 450 g。
(3) 辅料：一级原汁椰蓉 150 g。
❷ 操作步骤
(1) 全部原料称好备用。

(2) 将白糖放入水中搅至溶化。
(3) 糯米粉过筛倒在案板上，开窝倒入已溶化的糖水后加入猪油、熟澄面进行和面。
(4) 揉成光滑的面团，搓条剂，取剂子，双手托住两个大拇指捏出窝状，放入适量的椰皇馅，用虎口收口搓圆。
</td></tr>
</table>

续表

<table>
<tr><td>操作步骤</td><td>

（5）裹上一级原汁椰蓉放入纸托中。

（6）入锅大火蒸制 10 分钟。
（7）出锅装盘，点缀红色果蔬色素。

❸ 技术要点
（1）包馅时封口一定要捏紧，不能留缝，否则在蒸制时收口处容易破开，导致露馅。
（2）裹椰蓉时在糯米糍表面刷少许水，可使裹上的椰蓉更牢固、更均匀。
（3）为防止粘手，可在包制前在手上抹少许油
</td></tr>
<tr><td>面点成品</td><td>

</td></tr>
</table>

续表

完成情况	
反思改进	（1）列出工艺关键： （2）找出不足，提出改进措施：

二、收档及整理

填写收档工作页及自查表。

任务名称	各岗位工作任务要素	工作评价			
收档工作记录	工具收档	规范		欠规范	
	案板收档	规范		欠规范	
	设备收档	规范		欠规范	
反思					

练习与思考

制订实训任务工作方案

进入厨房工作准备

组织实训评价

一、练习

（一）选择题

1. 糯米糍的主要原料是什么？（　　）

A. 糯米粉　　B. 大米粉　　C. 玉米粉　　D. 小麦粉

2. 糯米糍最初起源于哪个国家？（　　）

A. 中国　　B. 日本　　C. 韩国　　D. 菲律宾

（二）判断题

（　　）1. 糯米糍是一种冷饮。

（　　）2. 糯米糍可以作为早餐食品。

二、课后思考

制作椰皇糯米糍的关键点有哪些？

三、实践活动

以小组为单位，各自制作一份椰皇糯米糍，并互相讨论、评价。